Subhrasini Lenka
Tanuja Mahanta

Gestão integrada das infestantes no amendoim de verão em Odisha

Subhrasini Lenka
Tanuja Mahanta

Gestão integrada das infestantes no amendoim de verão em Odisha

Irrigação em solos lateríticos nas zonas leste e sudeste das planícies costeiras

ScienciaScripts

Imprint

Cover image: www.ingimage.com

This book is a translation from the original published under ISBN 978-620-7-45242-2.

Publisher:
Sciencia Scripts
is a trademark of
Dodo Books Indian Ocean Ltd. and OmniScriptum S.R.L publishing group

120 High Road, East Finchley, London, N2 9ED, United Kingdom
Str. Armeneasca 28/1, office 1, Chisinau MD-2012, Republic of Moldova, Europe
Printed at: see last page
ISBN: 978-620-8-29629-2

Conteúdo

RECONHECIMENTO

É um prazer genuíno expressar o meu profundo sentimento de agradecimento e gratidão, reverência sincera e endividamento para com a Sra. Subhrasini Lenka, Cientista Júnior (Agronomia), AICRP em amendoim, Universidade de Agricultura e Tecnologia de Odisha, Bhubaneswar, pela sua orientação persistente, encorajamento incessante, supervisão escolar, sugestão inspiradora, juntamente com compaixão e paciência durante todo o período de investigação e preparação deste manuscrito, apesar dos seus compromissos profissionais.

I feel highly honoured to express my heartfelt gratitude and indebtedness to the dignified members of my Advisory Committee, Dr Bama Sankar Rath, Professor and Head, Dept. of Agronomy, Dr. Rabindra Kumar Paikaray, Former Professor and Head, Dept. of Agronomy, Dr. S. K. Swain, Professor (Agronomy) , Dr. A. Mishra, Former Professor, Dept. of Soil Sc. e Química Agrícola, Dr. Bijay Kumar Mohapatra, Professor (Agronomia), Dr. Lalit Mohan Garnayak, Professor (Agronomia), Dr. Satya Nanda Jena, Antigo Professor e Diretor do Departamento de Agronomia, pelo seu grande interesse, sugestões inspiradoras, encorajamento, conselhos valiosos e orientação ao longo da investigação e preparação deste manuscrito.

Aproveito esta rara oportunidade para manifestar a minha profunda gratidão e dívida para com os meus professores Dr. S. Biswal, Dr. M. R. Satpathy, Dr. Suchismita Tripathy, Dr. Anupama Baliarsingh, Dr. S. K. Dwibedi do Departamento de Agronomia e todos os outros professores da Faculdade de Agricultura da Universidade de Agricultura e Tecnologia de Odisha, Bhubaneswar, pela sua valiosa orientação e imensa ajuda durante todo o período de estudo e preparação deste manuscrito.

Reconheço devidamente a ajuda prestada pelo pessoal do AICRP no domínio do amendoim. Estou muito grato ao Sr. Basanta por ter prestado a sua ajuda atempada durante o meu trabalho de campo e a análise química.

Tenho o privilégio de exprimir a minha gratidão ao pessoal do Departamento de Agronomia, em especial a Jitendra Behera, pela sua cooperação e ajuda atempada durante o meu ensaio de campo.

Agradeço sinceramente o apoio recebido dos meus amigos durante o estudo de campo e a preparação do manuscrito.

Expresso os meus agradecimentos aos meus superiores, colegas de grupo e juniores pelo seu apoio.

Faltam palavras para exprimir o meu profundo sentimento de reverência e veneração para com os meus queridos pais e familiares pelo seu imenso amor e bênçãos, sacrifício altruísta, inspiração incessante, que sempre actuaram como farol da minha vida e me apoiaram para alcançar este importante marco da minha carreira.

Por último, mas não menos importante, peço a bênção do poder supremo para o meu progresso e prosperidade.

Local: Bhubaneswar (Tanuja Mahanta)

Data:

RESUMO

Um experimento de campo intitulado "Manejo integrado de ervas daninhas no amendoim de verão (*Arachis hypogaea* L.) sob condições de irrigação" foi conduzido durante o verão de 2022 na parcela de pesquisa do AICRP sobre amendoim dentro da Estação de Pesquisa em Horticultura (HRS), Universidade de Agricultura e Tecnologia de Odisha, Bhubaneswar. O experimento foi colocado em desenho de blocos randomizados com doze tratamentos replicados três vezes compreendendo T1; Diclosulam 84% WDG @ 20g a.i./ha (PE), T2; Diclosulam 84% WDG @ 25g a.i./ha (PE), T3; Diclosulam 84% WDG @ 20g a.i./ha (PE) *fb* intercultivo aos 25-30 DAS, T4; Diclosulam 84% WDG @ 25g a.i./ha (PE) *fb* intercultivo aos 25-30 DAS, T5; Diclosulam 84% WDG @ 20g a.i./ha (PE) *fb* Quizalofop-p-ethyl 5% EC 50g a.i./ha (POE) aos 18-20 DAS, T6; Diclosulam 84% WDG @ 25g a.i./ha (PE) *fb* Quizalofop-p-ethyl 5% EC 50g a.i./ha (POE) aos 18-20 DAS, T7; Pendimethalin 30% EC @ 1kg. a.i./ha (PE) *fb* Quizalofop-p-ethyl 5% EC 50g a.i./ha (POE) aos 18-20 DAS T8; Pendimethalin 30% EC @ 1kg. a.i./ha (PE)+ Imazethapyr 2% EC (Readymix) +Monda manual aos 20-25 DAS,T9; Pendimethalin 30% EC @ 1kg. a.i./ha (PE) + Imazethapyr 2% EC (Readymix) *fb* Quizalofop-p-ethyl 5% EC 50g a.i./ha (POE) aos 18-20 DAS,T10; Monda manual duas vezes aos 20 e 40 DAS,T11; Controlo de infestantes,T12; Sem infestantes. A variedade de amendoim "Dharani" foi utilizada na experiência. A cultura foi semeada em 4.1.2022 e colhida em 22.04.2022. O solo era ácido (pH-4,80) e de textura franco-arenosa, com baixo teor de carbono orgânico (0,39%) e N disponível (195,7 kg/ha), P2O5 (34,6 kg/ha) e K2O (128,7 kg/ha). A perda de rendimento foi de até 61,3% no caso do controlo de ervas daninhas, registando o rendimento mais baixo entre todos os tratamentos. A flora dominante de ervas daninhas de folha larga foi *Borreria hispida*, *CCleome viscosa*, *Eclipta alba*, *Celosia argentea*, *Phylanthus niruri*. Entre as gramíneas, *Digitaria sanguinalis*, *Echinochloa colonum*, *Elusine indica*, *Dactyloctenium aegyptium* e o único junco dominante foi *Cyperus rotundus*. Entre as diferentes combinações de herbicidas, a aplicação pré-emergente de Diclosulam 84% WDG @ 25g a.i./ha (PE) *fb* intercultivo a 20-25 DAS (T4) reduziu significativamente a matéria seca das ervas daninhas (22,09g/m^2), resultando na maior eficiência de controlo das ervas daninhas (93,4%) e no menor índice de ervas daninhas (0,7%).Também registou um parâmetro de crescimento da planta significativamente mais elevado (5,3), altura da planta (59,1 cm), número de ramos por planta (5,3), número de folhas por planta (59,1), índice de área foliar (3,76), matéria seca da planta (17,71 g/planta) em relação a outras práticas de gestão de ervas daninhas. Este tratamento foi superior no que diz respeito aos atributos de rendimento como o peso de 100 grãos (35,7 g), percentagem de descasque (74,3 %), índice de colheita (34,9 %), número de vagens/planta (19,1) e registou o maior rendimento de vagens (2290,0 kg/ha), rendimento de grão (4340,0 kg/ha) em relação ao resto dos tratamentos de gestão de ervas daninhas..0/ha) e o rácio custo-benefício de (2,26) foram obtidos pela aplicação de Diclosulam 84% WDG @ 25g a.i./ha (PE) *fb* Quizalofop-p-ethyl 5% EC 50g a.i./ha (POE) a 18-20DAS sobre o resto das práticas de gestão de ervas daninhas. No entanto, a experiência precisa de ser repetida para obter resultados conclusivos.

1 INTRODUÇÃO

O amendoim (*Arachis hypogaea* L.) é uma importante cultura oleaginosa e de rendimento na Índia. O amendoim é frequentemente incluído na rotação de culturas, uma vez que, sendo uma leguminosa, fixa o azoto atmosférico. As principais variedades de amendoim cultivadas comercialmente pertencem às espécies: *hypogaea* (verginia), *fastigiata* (valencia) e *vulgaris* (spanish). O amendoim é também conhecido como o "rei" das sementes oleaginosas. O amendoim contribui com 67% do total de óleo comestível produzido na Índia. A procura de óleos alimentares está a aumentar cerca de 6% ao ano (Financial Express). A Índia ocupa uma posição importante no mundo, sendo o quarto maior país produtor de sementes oleaginosas, atrás apenas dos EUA, da China e do Brasil.

No cenário mundial, a seguir aos EUA e à China, a Índia ocupa o 3.º lugarrd na produção de sementes oleaginosas. De todas as culturas oleaginosas cultivadas na Índia, o amendoim é responsável por mais de 40-50% da área e 60-70% da produção no país. Entre as culturas oleaginosas, o amendoim ocupa o primeiro lugar no país. A superfície, a produção e a produtividade do amendoim no país durante o ano de 2020-21 foram de 6,09 Mha, 10,21 Mt e 1676 kg/ha, respetivamente. (Direção de Economia e Estatística, DA&FW,2021- 22)

O amendoim é uma cultura de sementes oleaginosas predominante em Odisha. Contribui com mais de 2/3rd da produção total de sementes oleaginosas (Siba Prasad *et al.*, 2017) no estado. A área, a produção e a produtividade do amendoim em Odisha foram de 171,27 (th.ha), 312 (th.ha), 1822 kg/ha (DA&FP e Horticultura, Odisha-2021-22).

O consumo cresceu a uma taxa de 2,53% e espera-se que continue a crescer durante 2019-2024. As sementes de amendoim são uma fonte rica de óleo comestível (43-55%), bem como de proteínas (25-28%). A China e a Índia são os maiores consumidores e exportadores de amendoins do mundo, representando mais de 36% do consumo global. A disponibilidade per capita de sementes oleaginosas é de 13 g/dia por pessoa, o que é muito inferior à recomendação do Conselho Indiano de Investigação Médica, ou seja, 35-40 g/dia por pessoa. Por conseguinte, o aumento da produção e da produtividade do amendoim é a primeira e principal preocupação, tratando de todas as limitações de produção possíveis.

O teor total de minerais no amendoim varia entre 1,3 e 1,8 %. Contém elementos primários como cálcio 50-90 mg, magnésio 200-250 mg, fósforo 340-430 mg. Enxofre 240-330 mg, potássio 500-730 mg e certos oligoelementos, como manganês 1,3-2,0 mg, zinco 2,3-4,0 mg, boro 9-1,8 mg e ferro 2,3-3,2 mg.

Os principais problemas que limitam a produção de amendoim são as más práticas culturais, bem como a gestão inadequada das ervas daninhas (Naim *et al.* 2010). O problema das ervas daninhas torna-se mais grave devido a certos factores imprevistos, como a monda ineficiente e inoportuna ou a intercultura e as chuvas contínuas durante o período inicial de crescimento da cultura, juntamente com a indisponibilidade de mão de obra para a monda a tempo.

Em geral, no amendoim, as ervas daninhas são controladas por sacha manual. No entanto, a mão de obra humana, juntamente com as alfaias, não pode ser utilizada em todos os momentos e fases de crescimento da cultura, devido a vários factores. Além disso, a disponibilidade de trabalhadores para a sacha é limitada e dispendiosa durante os períodos de pico das operações de campo, o que leva a um atraso na sacha, resultando na redução da produção e da produtividade das culturas. As perdas devidas às infestantes podem variar em função do tipo de infestantes, da sua densidade e duração da competição com a cultura, dos tipos de solo, do tipo de cultura, dos tipos de irrigação, do padrão de cultivo seguido, das medidas de controlo das infestantes adoptadas, dos factores ambientais e de vários outros factores.

Dependendo da natureza, da densidade das ervas daninhas e da severidade da competição, as perdas no rendimento do amendoim variaram de 13 a 80% (Rao e Chauhan 2015). Além de competirem por nutrientes, humidade do solo e luz solar, as ervas daninhas inibem o vingamento e o desenvolvimento das vagens do amendoim e interferem na colheita. No amendoim, uma menor cobertura vegetal durante as primeiras 6 semanas de crescimento favorece uma forte competição com as ervas daninhas, causando uma redução significativa no rendimento (Shanwad *et al.* 2011).

A pendimetalina (Chaudhari *et al.*, 2007) ou o oxyfluorfen (Dutta *et al.*, 2005) são os herbicidas de pré-emergência (PE) mais comuns e eficazes no controlo de infestantes no amendoim *rabi*. A aplicação de herbicidas pré-emergência (PE) foi considerada eficaz no controlo de infestantes no amendoim em estádios iniciais, mas uma aplicação pós-emergência (PoE) é igualmente essencial para controlar o segundo fluxo de infestantes que emergem após a irrigação no amendoim *rabi de verão*. A utilização de herbicidas pós-emergentes como o imazethapyr (Grichar, 2007) ou o quizalofop-p-ethyl (Bhatt, 2008) foi recomendada para controlar eficazmente as infestantes em fases posteriores do crescimento da cultura em diferentes locais.

No amendoim, o uso de herbicidas seguido de intercultivo foi considerado mais fácil, menos demorado e mais económico e eficiente na redução da ameaça de ervas daninhas (Patel *et al.* 2020) em comparação com a monda manual (Kumar 2009).

A combinação de herbicidas em pré e pós-emergência (Sasikala *et al.*, 2004) ou a aplicação de herbicidas em pós-emergência precoce são melhores para controlar as infestantes em condições de regadio em Gujarat (Vaghasia *et al.*, 2013). Os métodos culturais e manuais comuns de gestão de ervas daninhas para o amendoim são a monda manual e a sacha, mas os métodos físicos de controlo de ervas daninhas são muito eficazes, mas também têm algumas limitações, como a indisponibilidade de mão de obra durante o período de pico, o elevado custo da mão de obra e as condições ambientais desfavoráveis. Os sachadores mecânicos não podem ser utilizados após o início do amendoim. Por outro lado, a utilização de herbicidas também é limitada devido à sua seletividade, pelo que se segue a integração de métodos. Kalhapure *et al.*, (2013) relataram que a integração de métodos químicos e físicos, como a monda manual, controla eficazmente as ervas daninhas no amendoim.

Atualmente, a investigação sobre as práticas integradas através da combinação de herbicidas pós-emergência com herbicidas pré-emergência e também da combinação de métodos físicos com herbicidas está a ganhar importância. Tendo isto em conta, foi conduzida uma experiência de campo no AICRP sobre o amendoim dentro da Horticulture Research Station (HRS), Odisha University of Agriculture and Technology, Bhubaneswar, durante o verão de 2022, intitulada "Integrated weed management in summer groundnut (*Arachis hypogaea* L.) under irrigated condition." (Gestão integrada das infestantes no amendoim de verão (*Arachis hypogaea* L.) em condições de regadio), com os seguintes objectivos -

- Estudar o efeito das práticas de gestão integrada das infestantes na dinâmica das infestantes no amendoim de verão
- Para descobrir o efeito dos tratamentos nos parâmetros de crescimento, atributos de rendimento e rendimento
- Estimar a absorção de nutrientes (N, P&K) pela cultura e pelas infestantes

2 COMENTÁRIOS SOBRE A LITRAGEM

2.1 FLORA INFESTANTE E SUA ABUNDÂNCIA RELATIVA

A flora infestante nos campos de cultivo varia em função das condições agro-ecológicas e das estratégias de gestão das infestantes utilizadas. As ervas daninhas nos campos de amendoim são de vários grupos, como as gramíneas de folha larga, de folha estreita e os juncos, consoante a sua forma. Embora as ervas daninhas gramíneas sejam as mais numerosas, as ervas daninhas de folha larga também representam uma séria ameaça para a cultura.

Parthenium hysterophorus, Amaranthus viridis, Portulaca oleracea, Argemone mexicana, Solanum nigrum, Echinochloa colonum, Cyperus rotundus e Cynodon dactylon foram as ervas daninhas mais comuns no amendoim, relatadas por Kalhapure *et al.* (2013) na fazenda de produção de sementes Breeder em Rahuri.

Em Junagarh, Vaghasia e Nadiyadhara (2013) encontraram uma flora de ervas daninhas diversificada que incluía ervas daninhas de folhas estreitas (72%) e de folhas largas (28%). *Echinochloa colonum, Dinebra retroflexa, Dactyloctenium aegyptium* e *Brachiaria* spp. estavam entre as ervas daninhas de folhas estreitas com crescimento exuberante.

Entre as gramíneas, *Chloris barbata, Panicum repens* e *Dactyloctenium ageyptium* foram as ervas daninhas mais comuns encontradas na parcela experimental da estação de investigação agrícola em Vaigaidam, Tamil Nadu, durante a estação *rabi. Cyperus rotundus e Cyperus esculentus* foram os juncos mais comuns. *Celosia argentea, Trianthema portulacastrum, Tridax procumbens, Euphorbia geniculata, Digeria arvensis, Parthenium hysterophorus, Portulaca oleracea e Phyllanthus niruri* foram as infestantes de folha larga mais comuns. (Kalaichelvi *et al.*, 2015).

Digitaria sanguinalis, Eleusine indica e *Cynodon dactylon* foram as ervas daninhas de folha estreita mais comuns em solo laterítico de Sirgaon Ratnagiri, Maharastra, enquanto *Leucas aspera, Cleome viscose, Amaranthus viridis, Euphoria hirta, Eclipta prostrata, Physalis minima, Alternanthera sessilis* e *Convolvulus arvensis* foram ervas daninhas de folha larga (Sagvekar et al., 2015). *Digitaria sanguinalis* e *Cynodon dactylon* foram as ervas daninhas gramíneas mais comuns, e *Commelina benghalensis* e *Trianthema portulacastrum*, foram as ervas daninhas de folhas largas mais comuns, bem como *Cyperus rotundus* encontrado em solo arenoso argiloso de campos de amendoim em Ludhiana (Sheoran *et al.*, 2015).

De acordo com Das *et al.* (2016), as gramíneas dominantes como *Cynodon dactylon* (47%), *Digitaria sanguinalis* (23%) e *Echinochloa crusgalli* (7,3%), seguidas de ervas daninhas de folha larga como *Parthenium hysterophorus* (8,1%) e juncos como *Cyperus rotundus* (4,0 %) foram detectados em amendoim no distrito de Boudh, Odisha.

Ervas daninhas como *Cynodon dactylon, Echinochloa colonum, Digitaria sanguinalis, Dactyloctenium aegyptium, Panicum repens, Cyperus rotundus, Trianthema portulacastrum, Commelina benghalensis, Tridax procumbens, Trichodesma indicum, Parthenium hysterophorus, Phyllanthus niruri, Amaranthus viridis, Cleome viscosa, Acanthospermum hispidium, Eclipta alba, Celosia argentea* e *Acalypha indica* encontrados em amendoim rabi cultivado em solos franco-arenosos de Andhra Pradesh, tal como referido por Devi *et al.*, 2017. Em Umiam, Meghalaya, foram encontradas ervas daninhas como *Ageratum conyzoides, Amaranthus sp, Dactyloctenium aegyptium, Celosia argentea, Elusine indica, Borreria hispida, Borreria latifolia, Digitaria sanguinalis, Cyperus rotundus, Digitaria ciliaris, Mimosa pudica, Borreria hispida, Borreria latifolia, Digitaria sanguinalis* são predominantes no amendoim rabi cultivado em solos franco-argilosos arenosos (Korav *et al.*, 2018).

Entre as diferentes espécies de infestantes, as principais infestantes de folhas largas consistem *em Digera arvensis, Commelina benghalensis, Boerheavia diffusa, Amaranthus viridis, Parthenium hysterophorus, Trianthema portulacastrum, Acalypha indica, Phyllanthus niruri* e *Leucas aspera* seguido de ervas daninhas gramíneas *Cynodon dactylon, Echinochloa colanum, Digitaria sanguinalis, Dactyloctenium aegyptium* e junco *(Cyperus rotundus)* foram encontrados por Suseendran *et al.* 2019, no campo experimental do distrito de Dharmapuri, em Tamilnadu.

Da mesma forma, *Achyranthes aspera, Ageratum conyzoides, Alternanthra sessilis, Borreria articularis, Cynodon dactylon, Dactyloctenium aegyptium, Echinochloa colonum, Eleusine indica* e *Cyperus rotundus* foram as principais ervas daninhas no amendoim da kharif" (Karthik e Mudalagiriyappa, 2020).

De acordo com Sarin *et al.* (2021), nos solos franco-arenosos do território de Onattuara, a preponderância de ervas daninhas de folha larga no campo é muito grande. A erva daninha mais prevalente é a *Portulaca oleraceae* . *Cynodon dactylon* e *Eleusine indica* são as duas ervas daninhas herbáceas e o junco-da-noz (*Cyperus rotundus*) encontrados nessa área. Resultados semelhantes também foram descobertos por Nambi *et al.* (2019).

Flora complexa de infestantes, incluindo infestantes gramíneas como *Cynodon dactylon, Dactyloctenium aegyptium* e *Eragrostis minor; ervas daninhas de folhas largas, Amaranthus viridis, Celosia argentea, Chorchorus trilocularis, Digera arvensis, Phyllanthus niruri, Portulaca oleracea* e *Tribulu sterristris* e *Cyperus rotundus* e *Cyprus esculentus* foram ervas daninhas de junco dominantes observadas em todos os três anos de experimentação conduzida por Mehriya *et al.* (2021) na estação de investigação agrícola de Jodhpur, Rajasthan. No entanto, as ervas daninhas de folha larga foram dominantes sobre as ervas daninhas gramíneas e de junco.

2.2 PERDAS DE RENDIMENTO E DE NUTRIENTES CAUSADAS PELAS INFESTANTES

Clewis *et al.*, 2007 relataram que a presença de ervas daninhas no amendoim reduziu a eficiência da colheita e aumentou as perdas de rendimento até 40%.

As ervas daninhas do amendoim incluem diversas espécies de plantas, desde gramíneas a ervas daninhas de folha larga e juncos, que causam perdas substanciais de rendimento (15-75%), que são mais elevadas no amendoim de sequeiro do tipo cacho espanhol do que no amendoim irrigado do tipo virgínia (Jat *et al.*, 2011).

2.3 PERÍODO CRÍTICO DE COMPETIÇÃO DAS PLANTAS INFESTANTES COM AS CULTURAS

De acordo com Agoistiono *et al.* 2006, o período crítico para a monda foi de 7 a 16 dias após a plantação, e o período crítico livre de ervas daninhas foi de 26 a 65 dias após a plantação, assumindo uma perda de rendimento de 5%.

Wesley *et al.* (2008) descobriram que o período chave para as ervas daninhas numa população mista é de 3-8 semanas após a plantação.

Durante as primeiras 6 semanas após a sementeira (2-8 semanas após a sementeira), a concorrência das ervas daninhas torna-se mais grave. (Annadurai et al., 2010 e El Naim *et al.*, 2010).

De acordo com Korav et al. (2020), a competição de ervas daninhas durante as fases iniciais da cultura do amendoim, até 15-16 DAE, era mais suscetível de causar uma redução significativa do rendimento. O amendoim Rabi também foi mais vulnerável à competição de ervas daninhas durante as fases iniciais da cultura do que o amendoim kharif.

2.4 Práticas de gestão de ervas daninhas

2.4.1 Métodos culturais e mecânicos

Os métodos mecânicos, nomeadamente a monda manual e a sacha manual com sachador mecânico, são práticas utilizadas em algumas partes do país. O número de mondas manuais e de sachas adoptadas depende principalmente da intensidade e do tipo de ervas daninhas. A densidade mais baixa de ervas daninhas registada na HW duas vezes aos 20 e 40 DAS aumentou a produção de vagens em relação ao controlo de ervas daninhas (Datta *et al.*, 2001).

Dharkar *et al.* (2002), numa experiência de campo em Nagpur (Índia), observaram que a monda aos 20 DAS + sacha aos 20 e 40 DAS resultou num número máximo (26,17) e peso de vagens (28,09 g) por planta. A maior produção de vagens secas (1717 kg ha^{-1}) e peso de teste (33,85 g) foi observada na monda aos 20 e 40 DAS.

Bhagat *et al.* (2002) afirmaram que 3 sacudidelas + 3 HW aos 15, 30 e 45 DAS foi mais eficaz no controlo de ervas daninhas estreitas e de folhas largas e no aumento dos atributos de rendimento e da produção de vagens secas de amendoim.

O tratamento livre de ervas daninhas registou um rendimento significativamente mais elevado de vagens e de lâminas e, consequentemente, maiores rendimentos brutos (Rs.37824 ha^{-1}), seguido da aplicação pré-emergente de pendimetalina juntamente com a intercultura aos 30 e 45 8 DAS, seguida de HW aos 35 DAS, produzindo um rendimento significativamente mais elevado do que o controlo sem ervas daninhas relatado por Solanki *et al.* (2005).

Meyyappanet *et al.* (2005) observaram que duas mondas manuais aumentaram significativamente o rendimento do grão de amendoim até 2,42 vezes do que o controlo sem monda em solos argilosos de Tamil Nadu. Sharma *et al.* (2005) também registaram a menor densidade de ervas daninhas e matéria seca de ervas daninhas aos 30, 60 DAS e na colheita com a monda manual. Os dados sobre a densidade de ervas daninhas e o peso seco das ervas daninhas revelaram que a população de plantas de 5,0 lakh ha^{-1} registou uma densidade de ervas daninhas significativamente menor, reduzindo assim o peso seco das ervas daninhas. O controlo eficaz das ervas daninhas através de uma densidade de plantas mais elevada resultou em melhores valores de eficiência de controlo das ervas daninhas do que com uma densidade de plantas mais baixa.

Kamble *et al.* (2006) concluíram que duas capinas manuais aos 15 e 30 DAS e uma capina aos 35 DAS registaram uma biomassa de ervas daninhas significativamente mais baixa na colheita e foi igual a outros tratamentos. Sardana et al. (2006) registaram o maior rendimento de vagens (3190 kg ha^{-1}) com duas capinas e foi 72% superior ao controlo de infestantes no amendoim de verão.

Duas mondas manuais resultaram no peso seco mais baixo das ervas daninhas, comparável ao da pendimetalina + monda manual (Walia *et al.*, 2007).

A densidade de plantas de 4,0 lakh ha-1resultou numa densidade de ervas daninhas significativamente menor do que a de 3,3 lakh plantas ha^{-1} O crescimento inicial lento da cultura, juntamente com mais área de solo, teria favorecido a germinação e o crescimento de ervas daninhas e esta poderia ser uma das razões para a maior população de ervas daninhas em 3,3 lakh plantas ha^{-1} (Senthil kumar, 2009).

O WCE e o WCI foram os mais baixos na monda manual duas vezes em solos franco-arenosos na Tamil Nadu Agricultural University, Coimbatore. (Kanagam e Chinnamuthu. (2009).

Naim *et al.* (2010) relataram que a monda manual duas vezes na 2ª e 4ª semanas após a sementeira foi eficaz para controlar as ervas daninhas e recomendada para melhorar o crescimento vegetativo do amendoim no Kordofan do Norte do Sudão.

Bhale *et al.* (2012) afirmaram que as duas mondas manuais aos 15 e 30 dias após a sementeira foram eficazes na redução das ervas daninhas e da biomassa de ervas daninhas e aumentaram o WCE e as vagens desenvolvidas e o rendimento das vagens.

Os parâmetros de crescimento e de rendimento mais elevados obtidos na parcela sem infestantes (3 HW aos 15, 30 e 40 DAS) podem dever-se à ausência de concorrência das infestantes durante as fases críticas de crescimento da cultura, ao passo que os atributos de crescimento e de rendimento mais baixos foram observados na parcela com infestantes

(Sem ervas daninhas) (Kirde *et al.*,2019).

O intercultivo seguido de monda manual aos 25 e 40 DAS no amendoim kharif controlou eficazmente as ervas daninhas e atingiu o rendimento máximo em solo de areia argilosa (Damor *et al.*, 2019).

Mondal *et al.* (2019) afirmaram que as gramíneas, os juncos e as ervas daninhas de folhas largas foram eficazmente controlados por monda manual duas vezes aos 15 e 30 DAT, que registou paridade estatística com a pulverização de pretilacloro 50 % CE @ 750 g ha^{-1} seguida da sua dose mais baixa @ 600 g ha^{-1} .

De acordo com Gohil *et al.* (2020), a aplicação pré-emergente de pendimetalina 900 g ha^{-1} como pré-mistura imazethapyr + imazamox 70 g/ha como pós-emergência aos 25 DAS esgotou as sementes de ervas daninhas/núcleo em 126 (58,40%), 101 (55,86%) e 113 (57,24%) e germinação suicida matando o fluxo de ervas daninhas por lavoura subsequente *por* IC e HW aos 45 DAS.

2.4.2 Método herbicida/químico de controlo de ervas daninhas

2.4.2.1 Pendimetalina

De acordo com Bhael *et al.*, 2012 a aplicação pré-emergente de Pendimethalin @ 1,0 kg a.i ha^{-1} *fb* capina manual aos 15 DAS provou ser mais bem sucedida na redução de ervas daninhas na fase inicial de crescimento.

Vaghasia e Nadiyadhara (2013) relataram que o uso pré-emergente de pendimetalina a 1 kg a.i ha^{-1} + aplicação pós-emergente de quizalofop-p-ethyl a 50 g ha^{-1} resultou no menor índice de ervas daninhas.

A aplicação de pendimetalina @ 1,0 kg a.i ha^{-1} como PE juntamente com 1 HW aos 30-35 DAS dá a maior eficiência de controlo de ervas daninhas em comparação com outros tratamentos relatados por Dhadge *et al.*, 2014.

Kalaichelvi *et al.*, 2015 relataram que com a aplicação pré-emergente de pendimetalina a 0,75 kg a.i ha^{-1} , alaclor 1,0 kg a.i ha^{-1} e oxyfluorfen a 0,25 kg a.i ha^{-1} *fb* capina manual a 20 DAS maior número de vagens $planta^{-1}$ e rendimento de vagens de $sementes^{-1}$. Entre os diferentes herbicidas, a aplicação de imazethapyr + pendimethalin @ 800 g relatou uma contagem de ervas daninhas controlada de forma eficiente e matéria seca de ervas daninhas de folhas largas e gramíneas, bem como atributo de rendimento significativamente mais alto e rendimento em amendoim (Singh *et al.*, 2019).

Timsina *et al.* (2020) realizaram várias experiências e observaram que a monda manual após a aplicação pré-emergente do herbicida pré-emergente pendimetalina deu um resultado muito eficaz na redução da gravidade das ervas daninhas e melhorou os atributos de crescimento e rendimento e, em última análise, o rendimento da cultura do amendoim.

De acordo com uma experiência conduzida por Regar *et al.* (2021), foi registado um aumento significativo no rendimento de vagens e de lâminas de amendoim quando a experiência foi conduzida sobre a gestão de ervas daninhas utilizando pendimetalina como herbicida pré-emergente e imazethapyr como herbicida pós-emergente em vários tratamentos.

2.4.2.2 Diclosulame

Singh *et al.* (2009) realizaram várias experiências e concluíram que o diclosulam era mais eficaz na supressão de juncos em todos os momentos de avaliação, pelo que se observou uma menor densidade de ervas daninhas, seguida de uma monda manual e sem ervas daninhas duas vezes (30 e 45 DAS) na soja.

Singh *et al.* (2009) realizaram uma experiência em Pantnagar, aplicando doses mais elevadas de diclosulame (22 e 26 g ha^{-1}), que se revelou mais eficaz contra as ervas daninhas gramíneas e de folha larga em diferentes momentos de avaliação, uma vez que registou uma população mais baixa de ervas daninhas, seguida de uma aplicação sem ervas daninhas, monda manual e aplicação de diclosulame 18 gha $.^{-1}$

Weseley *et al.* (2006) registaram que, quando o diclosulam foi aplicado até aos 35 DAP, controlou a tasneira comum e a glória-da-manhã de folha inteira no amendoim.

Andrew *et al.* (2002) descobriram que a aplicação pré-emergente de (diclosulam + metolachlor) como na produção de amendoim em lavoura convencional geralmente controlava *Ambrosian artemisiifolia* comum, *Sida rhombifolia* e *Ipomoea purpurea* inteira. O tratamento incluindo a aplicação pré-emergente de (diclosulam + metolachlor) proporcionou consistentemente maiores rendimentos e retornos líquidos máximos.

A sebe amarela foi controlada até 90% com a aplicação de diclosulam seguido de imazapic e de diclosulam mais flumioxazin seguido de imazapic, independentemente da taxa. A produção de vagens foi geralmente maior quando os herbicidas foram aplicados, independentemente da combinação ou taxa de herbicida. O rendimento do amendoim foi maximizado com as taxas mais baixas de flumioxazin ou diclosulam PRE seguido de imazapic EPOST (Ducar *et al.)*

Giraldeli *et al.* (2020) realizaram uma experiência e verificaram que a análise visual do controlo de rebentos de *C. rotundus* mostrou um excelente controlo (91-100%) para os herbicidas diclosulam, imazapic, imazapyr, halosulfuron e ethoxysulfuron, respetivamente, a partir dos 45 DAS.

2.4.2.3 Quizalofope-p-etilo

Kushwah e Vyas (2006) descobriram que o uso de Quizalofop-p-ethyl @ 50 gha-^{1} pós-emergência foi eficaz contra ervas daninhas de folhas largas e aumentou o rendimento de grãos em 36% na soja.

Quizalofop-p-ethyl @ 0,75 kg a.i ha^{-1} com WCE e índice de ervas daninhas (43,60 e 42,09 por cento) e Quizalofop-p-ethyl @ 1 kg a.i ha^{-1} (37,59 % e 24,56 %) produziram sementes, palha e rendimento biológico consideravelmente maiores na soja em comparação com o controle de ervas daninhas (Lambade *et al.*, 2008).

A aplicação pós-emergência de quizalfop-p-ethyl reduziu significativamente a população de ervas daninhas gramíneas em comparação com a prática dos agricultores ou o controlo de ervas daninhas no campo experimental em KVK, Anugul, Odisha. (Samant *et. al*, 2014).

2.4.2.4 Imazetapir

A aplicação de pendimetalina (PE) + imazethapyr (POE) aos 20 DAS foi considerada a mais económica e deu os maiores retornos líquidos (Rs. 30.578 ha^{-1}) em amendoim em solo franco-arenoso no S.V. Agricultural College, Tirupati, concluído por Sasikala *et al.* (2004).

O controlo do amaranto *(Amaranthus palmri*) e do melão-de-são-caetano (*Cucumis melo*) até 70% e da beldroega (*Trianthema portulacastrum*) até 65% com a aplicação de imazethapyr. (Grichar, 2007)

Dubey *et al.* (2010) observaram que a aplicação de imazethapyr à taxa mais baixa (50 g ha^{-1}) proporcionou rendimentos de vagens e de grãos quase semelhantes aos do controlo infestante, que aumentaram de forma correspondente (1208 e 833 kg a.i ha^{-1}), sendo o aumento das taxas de aplicação mais elevado quando o imazethapyr foi aplicado entre 200 e 300 g ha^{-1} . Isto levou ao registo de melhores caraterísticas de atribuição de rendimento e, finalmente, a rendimentos mais elevados de vagens e grãos. No entanto, os rendimentos de vagens e de grãos aumentaram ainda mais (1283 e 863 kg a.i. ha^{-1}) nas parcelas que receberam a aplicação combinada de imazethapyr (100 g ha^{-1}) +clorimurão (24 g ha^{-1}), sendo iguais aos da monda manual duas vezes (133 e 906 kg a.i. ha^{-1}).

Kar *et al.* (2015) concluíram que a aplicação pós-emergente de imazethapyr @ 150g ha^{-1} e 125g ha^{-1} reduziu significativamente a densidade de ervas daninhas de folhas largas e estreitas em comparação com os herbicidas pré-emergentes em estudo; poderia controlar eficazmente os juncos no amendoim. Mais uma vez, os rendimentos económicos mais elevados podem ser alcançados na cultura do amendoim sem qualquer efeito fitotóxico sob o tratamento (imazethapyr 10% SL @125 g ha^{-1} aos 10 e 30 DAS), onde as culturas amadureceram mais cedo do que as parcelas de controlo em solos aluviais de Bengala Ocidental.

2.4.3 Aplicação de herbicidas sequenciais

Verificou-se um controlo eficaz das gramíneas e das ervas daninhas de folha larga com a aplicação pré-emergente de pendimetalina seguida de imazethapyr aos 20 DAS (Sasikala *et al.*, 2004).

Walia *et al.* (2007) registaram o maior rendimento de vagens (2127 kg ha^{-1}) e menor peso seco de ervas daninhas (739 kg ha^{-1}) em relação ao controlo (1298 kg a.i ha^{-1} e 2439 kg a.i ha^{-1} , respetivamente) com a aplicação combinada de oxyfluorfen @ 0,25 kg a.i ha^{-1} + pendimethalin @ 0,5 kg a.i ha^{-1} . A integração da monda manual com herbicidas de pré e pós-emergência resultou numa redução significativa da produção de matéria seca pelas infestantes.

Rao *et al.* (2011) concluíram que foi observada uma maior eficiência de controlo de ervas daninhas com a aplicação combinada de pendimetalina @1,0 kg a.i. ha^{-1} e imazethapyr @ 75 g ha^{-1} aos 20 DAS (80,4 e 91,8%) e combinação de pendimetalina @1,0 kg a.i. ha^{-1} e quizalofop-p-ethyl @ 50 g ha^{-1} aos 20 DAS (76,9 e 91,3%). Isso pode ser devido à aplicação pré-emergente de pendimethalin, que impediu o surgimento de ervas daninhas gramíneas, inibindo o crescimento de raízes e brotos e promovendo o controle de ervas daninhas em um estágio posterior. Os weedicides pós-emergência resultaram em condições livres de ervas daninhas.

Baldev *et al.* (2012) descobriram que o WCE de 86,80% aos 30 DAS incorrido com pendimetalina + imazethapyr @ 0,75 kg a.i ha^{-1} aplicado como pré-emergência, que apareceu como o próximo método eficiente de controle de ervas daninhas para capinar manualmente (89,17%) em mungbean eles também relataram que a capina manual aos 25 DAS mostrou o rendimento máximo de grãos de mungbean que estava a par com pendimetalina + imazethapyr @ 0,75 kg a.i ha .$^{-1}$

O número de vagens da planta^{-1} (24,97), peso da vagem da planta^{-1} (41,70g) e peso de 100 grãos (82,3g) foram maiores com a aplicação pré-emergente de pendimetalina @ 1kg a.i ha^{-1} + 1HW aos 45 DAS + imazethapyr @ 50g ha^{-1} aos 20 DAS) no amendoim, seguido pela aplicação pré-emergente de pendimetalina @ 1kg a.i. ha^{-1} + 1HW aos 45DAS + quizalofop-p-ethyl @ 50g ha^{-1} aos 20 DAS. (Kumar *et al.* (2013)

Shwetha *et al.* (2016) observaram que a aplicação de Pendimethalin 1,5 kg a.i ha^{-1} como PE + imazethapyr 0,150 kg a.i ha^{-1} como PoE + uma capina manual aos 40 DAS foi o próximo tratamento superior após a verificação livre de ervas daninhas em relação a todos os parâmetros de ervas daninhas e registrou a maior altura de planta, produção de matéria seca, rendimento de vagem ha^{-1} e número de vagens planta .$^{-1}$

Upasani *et al.* (2017) opinaram que a aplicação de imazethapyr + pendimethalin 1000 g ha^{-1} foi mais eficaz na redução da matéria seca de ervas daninhas totais aos 30 e 60 DAS, também foi eficaz contra ervas daninhas de folha larga aos 30 DAS

Rajni *et al.* (2017) relataram que a aplicação imazethapyr + pendimethalin (mistura pronta) a 1000 g ha^{-1} aplicado como PE registou a menor densidade de ervas daninhas (8,3 m^{-2}), o menor peso seco de ervas daninhas (7,4 gm^{-2}) a maior eficiência de controlo de ervas daninhas (85%) a maior acumulação de matéria seca (7,7 g de planta^{-1} aos 30 DAS)

Meena *et al.* (2018) revelaram que a aplicação da pré-mistura de herbicidas Pendimethalin 30% EC + Imazethapyr 2% SL controla significativamente as ervas daninhas durante o período crítico de competição entre culturas e ervas daninhas e registrou a máxima eficiência de controle de ervas daninhas e maior rendimento em soja.

Sudesh *et al.* (2019) afirmaram que o tratamento sem ervas daninhas registou o menor número de ervas daninhas por m^{-2} na fase de colheita, seguido da aplicação de pendimethlin 30EC +Imazathapyar 2EC (mistura pronta) 1,0 kg ha^{-1} + uma monda manual a 25-30 DAS. A redução notável da população de ervas daninhas e da massa seca das ervas daninhas em diferentes fases pode dever-se ao controlo eficaz das ervas daninhas nos respectivos tratamentos, quer manual quer herbicida, ou ambos.

2.4.4 Gestão integrada das infestantes

Segundo Attarde *et al.*, 2001, a aplicação pré-emergente de pendimetalina + monda manual aos 30 DAS e o cultivo intercalar aos 30 e 45 DAS foram considerados muito eficazes no controlo das ervas daninhas no amendoim

De acordo com sashikala *et. al*, 2004, a maior eficiência de controlo de ervas daninhas foi registada com pendimetalina seguida de imazethapyr, HW duas vezes (20 e 40 DAS), bem como fluchloralin seguido de imazethapyr.

Ashok Kumar e Rana, 2004 verificaram que a planta com maior peso de vagem^{-1} (g) foi registada na planta sem ervas daninhas (18,9) e a par com pendimetalina + HW aos 30 DAS (17,9) e duas HW aos 20 e 40 DAS (17,4) .

Chandrika, 2004, referiu que a aplicação pré-emergência de vários herbicidas, isoladamente ou em conjunto com a monda manual aos 30 DAS ou a monda manual duas vezes aos 20 e 40 DAS, aumentou o rendimento das vagens em relação ao controlo sem monda.

De acordo com Patel *et al.* (2006), a maior produção de vagens foi registada em culturas sem ervas daninhas (2951 kg ha^{-1}), seguida de pendimetalina a 1 kg a.i. ha^{-1} + uma intercultura.

Pendimethalin @ 1,0 kg a.i ha^{-1} seguido de monda manual aos 15 DAS foi mais eficaz no controlo de ervas daninhas na fase inicial de crescimento e, em última análise, aumentou o rendimento (1658 kg/ha) (Bhale *et al.*, 2012)

Sagvekar *et al.* (2015) registaram que, entre os tratamentos herbicidas, a pendimetalina @1 kg a.i/ha^{-1} +1 HW a 30DAS registou a menor densidade de crescimento de ervas daninhas e maior rendimento de vagens.

O tratamento de pré-emergência de pendimetalina a 0,75 kg a.i. ha^{-1} alaclor a 1,0 kg a.i ha^{-1} , e oxyfluorfen a 0,25 kg a.i ha^{-1} fb capina manual a 20 DAS resultou em um número significativamente maior de vagens planta^{-1} e rendimento de vagens, Kalaichelvi *et al.* (2015).

2.4.5 Parâmetros das infestantes em relação às medidas de controlo das infestantes

2.4.5.1 Densidade das infestantes

Verificou-se uma menor densidade de ervas daninhas com pendimetalina 1,1 kg a.i. ha^{-1} e duas mondas manuais aos 20 e 40 DAS em relação ao controlo (Datta *et al.*, 2001).

Com exceção da pendimetalina @ 900 g ha^{-1} (PE) seguida de imazethapyr @ 80 g ha^{-1} (POE), a aplicação de fluchloralin @ 1000 g ha^{-1} (PPI) seguida de imazethapyr @ 80 g ha^{-1} (POE) resultou numa redução considerável da população de ervas daninhas em comparação com outros tratamentos, Savu *et al.* (2006)

Kumar *et al.* (2013) descobriram que a aplicação pré-emergente de pendimetalina @1 kg a.i ha^{-1} + 1 monda manual + aplicação pós-emergente de imazethapyr @ 50 g ha^{-1} aos 20 dias após a sementeira produziu uma densidade de ervas daninhas inferior à dos outros tratamentos.

Kalaichelvi *et al.* (2015) registaram a menor densidade de ervas daninhas (número m^{-2}) com a aplicação pré-emergente de oxyflurofen a 0,25 kg a.i ha^{-1} + monda manual aos 20 DAS (5,0) e monda manual duas vezes aos 15 e 30 DAS do que todos os outros tratamentos. A monda manual teve melhor eficiência no controlo das ervas daninhas do que todos os outros tratamentos.

2.4.5.2 Peso seco das infestantes

A produção de matéria seca de ervas daninhas foi mais baixa com a aplicação de pendimetalina @ 0,75 kg a.i ha^{-1} + HW (35 DAS) seguido por HW duas vezes (20 e 35 DAS) (Ravindra nath Reddy e Maheswara Reddy., 2004).

Nambi *et al.* (2006) relataram que a aplicação de pendimethalin 1 kg a.i ha^{-1} + HW aos 30 DAS e HW aos 15 e 30 DAS registou biomassa de ervas daninhas (274,1 & 304,3 gm^{-2} respetivamente)

sobre o controlo (626,1 gm^{-2}). Resultado semelhante também foi relatado por (Patel *et. al,* 2006) i.e o peso seco mais baixo também foi registado com 1 intercultura + 2 vezes HW *fb* pendimethalin + 1 IC.

A biomassa de ervas daninhas mais baixa registada com duas mondas manuais aos 20 e 40 DAS *com* imazethapyr@ 75 g ha^{-1} e Quizalofop-p-ethyl @ 50 g ha^{-1} em soja (Kushwah e Vyas, 2006).

Kumar *et al.* (2013) relataram que a aplicação pré-emergência de pendimetalina @ 1 kg a.i ha^{-1} + aplicação pós-emergência de imazethapyr @ 50 g ha^{-1} aos 20 DAS + 1 capina manual aos 45 dias após a semeadura produziu menor peso seco de ervas daninhas em relação a todos os outros tratamentos.

Jadhav *et al.* (2015) concluíram que a pendimetalina @ 1 kg a.i ha^{-1} aos 2 DAS + 1 capina aos 45 DAS provou ser significativamente superior a outros tratamentos no que diz respeito ao peso seco das ervas daninhas (0,25 gm^{-2}).

2.4.5.3 Eficiência do controlo das infestantes

Sumathi *et al.* (2000) observaram o maior WCE (95,64%) com dois HW duas vezes (20 e 40 DAS) seguido por pendimethalin +1 HW (30 DAS).

A HW duas vezes (20 e 40 DAS) teve uma maior eficácia de controlo de ervas daninhas do que o controlo de ervas daninhas (Datta *et al.* 2001).

Tambe *et al.* (2005) concluíram que a monda manual aos 15 e 30 DAS (90,5%) *com* a aplicação de imazethapyr @ 50 ml ha^{-1} (84,7%) registou o maior WCE do que os outros tratamentos. Resultado semelhante, ou seja, maior WCE (90,7%) foi registado com pendimethalin @ 1 kg a.i ha^{-1} + 1 (uma) HW aos 30 DAS (Jhala *et al.*, 2005).

De acordo com Kamble *et al.* (2006), o maior WCE foi observado no controlo sem ervas daninhas, seguido por dois HW (15 e 30 DAS) + uma enxada (35 DAS) e pendimetalina @ 0,75 kg a.i ha^{-1} (PE) + um HW (15 DAS) + uma enxada (30 DAS).

Ramalingam e Perumal (2013) confirmaram que a nova formulação de oxyfluorfen (23,5% EC) a 200 g ha^{-1} , teve quase a mesma eficiência de controlo de ervas daninhas que a aplicada a 250,300 e 400 g ha^{-1} , pelo que a aplicação de oxyfluorfen a 200 g ha^{-1} foi mais económica, tendo uma elevada eficiência de controlo de ervas daninhas.

Dhadge *et al.* (2014) registaram a maior eficiência de controlo de ervas daninhas com a aplicação de pendimetalina PE @ 1,0 kg a.i ha^{-1} + 1 HW aos 30-35 DAS (89,63%) do que o resto dos tratamentos.

'Vora *et al,* (2019) relataram que a aplicação pré-emergência de pendimetalina 38,7% CS @ 0,75 kg a.i ha^{-1} PPI + 1 HW e 1 IC aos 40 DAS, Pendimetalina 30% EC @ 0,90 kg a.i ha^{-1} PE + 1 HW e 1 IC aos 40 DAS e Oxyfluorfen @ 0,24 kg a.i ha^{-1} PE + 1 HW e 1 IC aos 40 DAS deu uma eficiência de controlo de ervas daninhas significativamente maior de 73,5, 72,6 e 72,1 %respetivamente seguido de tratamento sem ervas daninhas.

Narwal *et al.* (2020) concluíram que a monda manual dupla (aos 20 e 40 DAS) registou uma eficiência de controlo de ervas daninhas significativamente mais elevada (71,1 %) na colheita, embora estivesse ao mesmo nível que o Pendimethalin 30 % EC @ 1.5 kg a.i ha^{-1} *fb* Uma monda manual aos 25 DAS, Pendimethalin 30 % EC @ 1.5 kg a.i ha^{-1} *fb* imazethapyr 10 % SL @ 75 g ha^{-1} aos 2030 DAS e Pendimethalin 30 % EC @ 1.0 kg a.i ha^{-1} *fb* Uma monda manual aos 25 DAS.

A aplicação de herbicidas como Fomesafen + fluazifop-p-butyl controlou eficazmente todas as categorias de ervas daninhas dominantes, resultando em menor densidade de ervas daninhas, matéria seca de ervas daninhas e maior eficiência de controlo de ervas daninhas em comparação com o controlo de ervas daninhas, Shah *et al.*, 2020.

2.4.5.4 Índice de infestantes

Patel *et al.* (2017) concluíram que a aplicação de pendimetalina a 1 kg a.i. ha^{-1} PE + imazethapyr 75 g ha^{-1} PoE aos 15-20 DAS registou o índice mais baixo de infestantes. A aplicação pré-emergente de pendimetalina 30 % EC @ 1,5 kg a.i ha^{-1} *fb* uma monda manual aos 25 DAS registou o menor índice de ervas daninhas (6,4 %), (Narwal *et al.*, 2020).

2.5 Parâmetro da cultura em relação ao controlo das infestantes

2.5.1 Altura da planta

Foi registada uma altura de planta mais elevada na aplicação pré-emergente de pendimetalina *fb* imazethapyr em comparação com a monda a duas mãos no amendoim (Sasikala *et al.*, 2002).

Com a aplicação de pendimethalin @ 0.75 kg a.i. ha^{-1} e pendimethalin @ 0.75 kg a.i ha^{-1} + um intercultivo sobre o controlo de ervas daninhas (Patel *et al.*, 2006) foram observadas plantas mais altas. Choudhary *et al*, (2017) observaram que valores mais altos de altura de planta na colheita foram obtidos sob condição livre de ervas daninhas (26,46 cm), embora estivesse a par com HW duas vezes aos 20 e 40 DAS (24,60 cm), pendimetalina @ 0,9 kg a.i ha^{-1} como PE (24.18 cm), Quizalofop-p-ethyl @ 0.04 kg a.i ha^{-1} como PoE aos 20 DAS + 1 HW aos 45 DAS (23.94 cm) e oxyfluorfen @ 0.24 kg a.i ha^{-1} como PE fb imazethapyr @ 0.07 kg a.i ha^{-1} como PoE aos 20 DAS + 1 HW aos 45 DAS (23.80cm).

A monda manual aos 20 e 40 DAS registou plantas mais altas de 30,84 e 50,76 cm durante 30 e 60 DAS e a aplicação pré-emergência de pendimetalina 1,0 kg a.i ha^{-1} aos 3 DAS *fb* EPOE de acifluorfen de sódio + clodinofop propargyl 900 g ha^{-1} (28,36 e 48,75cm) que estavam a par entre si, mas estatisticamente superiores ao resto dos tratamentos, relatados por Suseendran *et al.* (2019).

2.5.2 Folhas e ramos por planta

De acordo com Kamble *et al.*, 2003, o número mais baixo de ramos e de folhas funcionais da $planta^{-1}$ foi registado no controlo sem ervas daninhas do que com outros métodos no amendoim.

Sharma *et al.* (2015) opinaram que a aplicação pré-emergente de pendimetalina 30% CE @ 0,9 kg a.i ha^{-1} + aplicação pós-emergente de imazethapyr @ 75 g ha^{-1} aos 20 DAS e monda manual e intercultural aos 20, 40 DAS tiveram efeitos quase iguais na altura da planta, no número de ramos da $planta^{-1}$, acumulação de matéria seca sobre o controlo e foram semelhantes ao controlo sem ervas daninhas e aplicação pré-emergente de pendimetalina @ 0,9 kg a.i ha^{-1} + monda manual e intercultural aos 40DAS.

2.5.3 Índice de área foliar

O índice de área foliar foi mais alto na aplicação pré-emergente de pendimethalin *fb* imazethapyr, que foi igual à capina de duas mãos relatada por Sasikala *et al.* (2002).

Kumar e Rana (2004) revelaram que a aplicação pré-emergente de pendimetalina + uma monda manual aos 30 DAS ou duas mondas manuais aos 20 e 40 DAS resultou num aumento significativo do índice de área foliar em relação aos outros tratamentos.

Kumbar *et al.* (2014) descobriram que uma maior área foliar por planta foi alcançada com a monda manual (1423,7 cm^2 *) fb* pela aplicação pré-emergente de imazethapyr 50 g ha^{-1} (1336,8 cm^2), pendimethalin @ 750 g ha^{-1} a 3 DAS (1270 cm^2).

2.6 Rendimento e parâmetros de rendimento em relação ao controlo das infestantes

2.6.1 Número de nódulos por planta

Dois HW aos 20 e 40 DAS registaram o maior número e peso de $nódulos^{-1}$ e produção de matéria seca em grama verde entre todos os tratamentos, o que foi encontrado a par com a pendimetalina a 1,0 kg a.i ha^{-1} + HW aos 20 DAS e fluchloralin a 1,0 kg a.i ha^{-1} + HW aos 20 DAS, tratamentos relatados por Raman e Krishnamoorthy, (2005). A aplicação individual de pendimethalin e fluchloralin, cada um a 1,0 kg a.i ha^{-1} também melhorou significativamente estes parâmetros em relação ao controlo de infestantes, mas foi inferior aos tratamentos acima referidos.

As observações obtidas por Upasani e Puran. (2010), ou seja, maior número de $vagens^{-1}$ e contagem de $nódulos^{-1}$ aos 90 DAS na monda efectuada aos 15 e 25 DAS, que foram estáticos a par com a aplicação pré-emergência de pendimetalina @ 750 g ha^{-1} *fb* monda aos 25 DAS.

A parcela livre de ervas daninhas (3 HW a 15, 30, 40 DAS) registou uma altura de planta significativamente mais elevada (53,33cm), número de ramos da $planta^{-1}$ (10,87), número de folhas da $planta^{-1}$ (95,10), número de nódulos da $planta^{-1}$ (81,33) e matéria seca total da $planta^{-1}$ (39,08) que se manteve a par com a pendimetalina 30% EC @ 1 kg a.i ha^{-1} + imazethapyr 10% SL 0,075 kg a.i ha^{-1} aos 20 DAS (PoE) e pendimetalina 30% EC @ 1 kg a.i. ha^{-1} + quizalofop ethyl 5% EC @ 37,5 g ha^{-1} aos 15 a 20 DAS (PoE) e considerado significativamente superior ao resto dos tratamentos, os parâmetros mais baixos observados com o controle de ervas daninhas, concluído por Kirde *et al.* (2019).

2.6.2 Produção de matéria seca

A produção total de matéria seca do amendoim foi significativamente maior com a aplicação pré-emergente de pendimethalin a 1,0 kg a.i ha^{-1} *fb* quizalofop ethyl a 50 g ha^{-1} a 20 DAS, em comparação com outros tratamentos. A distribuição da matéria seca em fonte assimilatória, folhas e partes reprodutivas, principalmente vagens, indicou maior eficiência da planta sob menor infestação de ervas daninhas. A maior acumulação de matéria seca nas folhas fotossinteticamente activas foi responsável por um melhor crescimento e rendimento da cultura do amendoim, Chaitanya *et al.* (2009).

Rao *et al.* (2011) opinou que o maior peso seco da cultura (4067 kg ha^{-1}) foi registado com a aplicação de pendimetalina @ 1 kg a.i ha^{-1} como pré-emergência *fb* imazethapyr @ 100 g ha^{-1} a 20 DAS sobre o controlo (1437 kg ha^{-1}).

A aplicação do herbicida pós-emergente imazethapyr @ 125 g ha^{-1} aos 20 DAS *fb* 1 intercultivo aos 40-45 DAS produziu maior massa seca da $planta^{-1}$ (28,42 g $planta^{-1}$) sobre o controlo (20 g $planta^{-1}$) (Chapparaband, 2011).

(Shrama *et al.*, 2015) concluíram que a matéria seca da planta (aos 30, 60 DAS e colheita 6,7, 19,5, 26,5 g de $planta^{-1}$ respetivamente) mostrou efeitos semelhantes com a aplicação pré-emergência de pendimetalina 30 % EC @ 0,9 kg a.i ha^{-1} *fb* aplicação pós-emergência de imazethapyr @ 75 g ha^{-1} aos 20 DAS e monda manual e intercultural aos 20 e 40 DAS .

De acordo com Devi *et al.*, (2017) a produção de matéria seca de plantas foi mais elevada em condições de ausência de ervas daninhas aos 30 DAS e 60 DAS *com* pendimetalina 30% EC @ 0,75 kg a.i ha^{-1} como PE + imazethapyr 50% EC @ 50 g ha^{-1} como PoE + Intercultivo com enxada de roda seguido de monda manual que estavam a par um do outro, mas foram significativamente superiores a todos os outros tratamentos.

2.6.3 Número de vagens cheias por planta

Ghosh, 2000 observou que a aplicação de pendimethalin @ 1,5 kg a.i ha^{-1} recodificou um maior número de vagens de $plantas^{-1}$ que estava a par com HW aos 20 DAS e superior ao controlo de ervas daninhas.

Datta *et al.* (2001) obtiveram o maior número de plantas de $vagem^{-1}$ com a aplicação de pendimetalina aplicada a 1,1 kg a.i ha .$^{-1}$

$^{-1}$O maior número de plantas com vagens cheias foi observado por Chandrika (2004) em HW aos 20 e 30 DAS. Da mesma forma, Sailaja *et al.* (2002) relataram o maior número de plantas com vagens cheias com a aplicação de pendimethalin @ 0,75 kg a.i ha^{-1} + HW aos 30 DAS (27,5) *fb* HW duas vezes aos 20 e 40 DAS (26,7) do que o controlo sem ervas daninhas (14,2).

Patel *et al.* (2006) observaram o maior número de vagens cheias na $planta^{-1}$ com a aplicação de pendimetalina @ 1,0 kg a.i ha^{-1} + um intercultivo e pendimetalina @ 1,0 kg a.i ha^{-1} sobre o controle de ervas daninhas.

Kalhapure *et al.* (2013) registaram uma quantidade significativamente maior de vagens^{-1} com a aplicação de pendimetalina @ 1,5 kg a.i. ha^{-1} como pré-emergência + imazethapyr @ 0,15 kg a.i ha^{-1} como pós-emergência aos 20 DAS + uma monda manual aos 40 DAS do que o controlo.

Sagvekar *et al.* (2015) registou o maior número de plantas de vagem^{-1} foi observado com pendimetalina @ 1 kg a.i. ha^{-1} + quizalofop-p-ethyl @ 50 g ha^{-1} aos 20 DAS, que foi estatisticamente a par com a condição livre de ervas daninhas *fb* pendimetalina @ 1 kg a.i ha^{-1} +1 HW aos 30 DAS e pendimetalina @ 1 kg a.i ha^{-1} +imazethapyr @ 75 g ha^{-1} aos 20 DAS.

Entre as várias práticas de gestão de ervas daninhas, foi registado um maior número de vagens^{-1} (18,75) com o tratamento livre de ervas daninhas, que foi a par com a monda manual duas vezes aos 20 e 40 DAS e a aplicação pré-emergência de pendimetalina @ 1,5 kg a.i ha^{-1} *fb* aplicação pós-emergência de imazethapyr @ 75g ha^{-1} aos 20-30 DAS (Aruna e Karuna Sagar, 2018)

2.6.4 Peso de cem grãos

A aplicação de pendimethalin @ 0.75 kg a.i ha^{-1} + HW aos 30 DAS (32.4g) observou o maior peso de 100 kernel que estava a par com HW duas vezes aos 20 e 40 DAS (32.5g), Sumathi *et al.* (2000). Da mesma forma, Ghosh (2000) também relatou um maior peso de 100 grãos em pendimethalin @ 1,5 kg a.i ha^{-1} que estava a par com HW aos 20 DAS e superior ao controlo de ervas daninhas.

A aplicação de pendimetalina como pré-emergência *fb* imazethapyr registou o maior número de grãos de plantas^{-1} do que o controlo (Savu *et al.*, 2006).

Chandrika (2004) relatou que o maior peso de 100 grãos em HW duas vezes a 20 e 40 (39.3g) *fb* pendimethalin @ 0.75 kg a.i ha^{-1} + HW a 30 DAS (38.6g) sobre o controlo (32g).

Kumar *et al.* (2013) observaram e concluíram que a aplicação pré-emergência de pendimetalina @1kg a.i ha^{-1} + 1 HW+ aplicação pós-emergência de imazethapyr @ 50g ha^{-1} aos 20 DAS produziu maior número de grãos de plantas^{-1} do que outros tratamentos.

2.6.5 Descasque%

Sumathi *et al.* (2000) registou a maior percentagem de descasque com pendimethalin + HW (30 DAS) que foi igual a HW duas vezes (20 e 40 DAS). A aplicação pré-emergente de pendimethalin @ 1,5 kg a.i ha^{-1} deu maior % de descascamento e foi igual a HW aos 20 DAS sobre o controle de ervas daninhas (Ghosh, 2000).

Chandrika (2004) revelou a maior percentagem de descasque em 2 HW aos 20 e 40 DAS (78,4%) *fb* pendimethalin @ 0,75 kg a.i ha^{-1} + HW aos 30 DAS (76,5%).

Kumar *et al.* (2013) observaram uma percentagem de descasque mais elevada em HW aos 20 e 45 DAS + 3 IC aos 15, 30 e 45 DAS (68,3%), que foi igual à pendimetalina como pré-emergência @ 1 kg a.i ha^{-1} + 2 intercultura aos 30 e 45 DAS (67,3%) e superior ao controlo (61%).

Gunri *et al.* (2014) concluíram que a aplicação pré-emergente de pendimetalina @ 1 kg a.i ha^{-1} juntamente com uma monda manual registou a maior percentagem de descasque (71,3%) do que o controlo sem monda (66%).

Sailaja *et al.,* 2002, registaram a maior percentagem de descasque de 67,9% em 2 HW aos 20 e 30 DAS.

2.6.6 Rendimento das vagens

O rendimento de vagens e de alporques mostrou um aumento significativo com a utilização de herbicida isolado e com tratamentos integrados de controlo de ervas daninhas, o que se deveu a uma menor matéria seca de ervas daninhas, a um maior número de ramos, a vagens, a plantas^{-1} e ao peso de 100 grãos de amendoim de verão em solo arenoso argiloso na Universidade Agrícola de Punjab, Ludhiana (Singh e Singh., 2009).

Kumar *et al.* (2004) relataram uma menor produção de vagens no controlo sem ervas daninhas (1,1 t ha^{-1}) do que em dois HW aos 20 e 40 DAS (1,9 t ha^{-1}).

Sasikala *et al.* (2004) registaram o maior rendimento de vagens com a aplicação de pendimetalina *fb* imazethapyr, que foi igual à flucloralina *fb* imazethapyr e HW duas vezes aos 20 e 40 DAS.

A maior produção de vagens é obtida com a aplicação de imazethapyr @ 500 ml ha^{-1} (15.97qha^{-1}) do que o controlo (7.51q ha^{-1}) foi relatado por Tambe *et al.* (2005).

Nambi *et al.* (2006) relataram que a aplicação de pendimetalina como pré-emergência @ 1 kg a.i ha^{-1} + HW aos 30 DAS e dois HW aos 15 e 30 DAS resultou em rendimento de vagens (3429 e 3240 kg ha^{-1} respetivamente) sobre o controlo (1746 kg ha^{-1}).

Walia *et al.* (2007) concluíram que o pendimethalin + HW deu o melhor rendimento, a par de dois HW. O arrancamento manual de Celosia resultou no maior rendimento de vagens de amendoim aos 70 DAS (Umamaheswari *et al.*, 2007).

Chaudari *et al.*,2007 relataram um rendimento máximo de vagens sob o controlo sem ervas daninhas (13,05 q ha^{-1}) e o mínimo sob o controlo com ervas daninhas (6,92 q ha^{-1}).

O amendoim produziu mais vagens (2548 kg ha^{-1}) sob TPE 0,025 mm durante 45 dias + uma monda manual, mas foi igual ao TPE 0,025 mm durante 45 dias + Quizalofopethyl @ 25 g ha^{-1} e sem ervas daninhas (Bhatt, 2008).

Kanagam e Chinnamuthu (2009) observaram que a aplicação sequencial de metalacloro como pré-emergência na sementeira *fb* um aos 40 DAS, precedida de uma ligação à terra, reduziu significativamente a densidade das ervas daninhas, a acumulação de matéria seca e a remoção de nutrientes pelas ervas daninhas, sendo comparável com o controlo sem ervas daninhas.

A aplicação precoce de mistura pronta pós-emergência de (imazethapyr + imazamox) 70%WG a 70 g ha^{-1} com óleo de semente metilado (MSO) adjuvante @ 2,0 ml $litro^{-1}$ de água registrou maior rendimento de vagens (1411 kg ha^{-1}) em comparação com outros tratamentos Vaghasia *et al.* (2013).

Ramalingam e Perumal (2013) concluíram que o rendimento de vagens do amendoim foi aumentado com a aplicação da nova molécula de oxyfluorfen a 250 g ha^{-1} . Foi 8,0 a 8,5% superior à aplicação de oxyfluorfen a 200 g ha^{-1} 13,3 e 16,1% superior à aplicação de 400 g ha .$^{-1}$

(Sagvekar *et al,* 2015) observaram uma vagem seca significativamente mais elevada (2,95 t ha^{-1}), sob tratamento sem ervas daninhas *fb* aplicação pré-emergente de pendimetalina @ 1 kg a.i ha^{-1} + 1 HW (2,76, 2,07 e 2,79 t ha^{-1} , respetivamente) e combinação de pendimetalina @ 1kg a.i ha^{-1} (PE) com quizalofop-p-ethyl @ 50 g ha^{-1} (PoE) (2,57, 1,90 e 2,63 t ha^{-1} , respetivamente)

Sudesh *et al.* (2019) relataram que a aplicação de pendimethlin 30EC + Imazathapyar 2EC 1,0 kg a.i ha^{-1} (mistura pronta) *seguida de* uma capina manual aos 2530 dias após a semeadura deu sementes significativamente mais altas (655,5 kg ha^{-1}) e rendimento de palha (1078 kg ha^{-1}) de grama verde com maior relação B: C (2,0), maior retorno económico (Rs. 21792), menor índice de ervas daninhas e maior eficiência de controlo de ervas daninhas (90,45%).

Entre os tratamentos herbicidas, o Flumioxazin 50% SL 125 g ha^{-1} a 1 DAS resultou num rendimento significativamente mais elevado de vagens e de caules do que o controlo não tratado, mas foi igual ao Flumioxazin 50% SL 150 g ha^{-1} a 1 DAS. (Kumaari *et al.*, 2020)

2.6.7 Rendimento do Haulm

Walia *et al.* (2007) observaram o maior rendimento em haulm no tratamento aplicado com pendimethalin @ 0.75 kg ha^{-1} + HW (7082 kg ha^{-1}) tratamento e foi a par com duas mondas manuais (6870 kg ha^{-1}) e superior ao controlo (5989 kg ha^{-1}). A monda manual duas vezes registou rendimentos mais elevados em amendoim (Sailaja *et al.,* 2002).

Vaghasia *et al.* (2013) notou que a aplicação pós-emergência precoce de (imazethapyr + imazamox) 70% WG a 70 g ha^{-1} com óleo de semente metilado (MSO) adjuvante @ 2,0 ml litro.$^{-1}$ de água deu maior rendimento de haulm (2783 kg ha^{-1}) em comparação com outros tratamentos.

A aplicação combinada de herbicidas de pré e pós-emergência registou um rendimento máximo de haulm nos tratamentos (2400 kg ha^{-1}), Dixit *et al.* (2016).

2.6.8 Índice de colheita

O rendimento e os valores dos componentes do rendimento foram mais elevados com a monda bimanual, enquanto que a monda bimanual + cobertura morta deu o índice de colheita mais elevado, Vasisht e Pandey. (1999).

Sheoran *et al.* (2015) realizaram várias experiências e relataram que o índice de colheita mais alto foi obtido com duas capinas manuais três e seis semanas após a semeadura (0,33), que foi igual a pendimethalinn 0,75 kg a.i ha^{-1} PE + imazathapyr 0.05 kg a.i ha^{-1} PoE + 1 monda manual 45 DAS (0.319), pendimetalina 0.75 kg a.i ha^{-1} PE+ 1 monda manual 45 DAS (0.36) pendimetalina 0.75kg a.i ha^{-1} PE (0.292) e pendimetalina 0.75 kg a.i ha^{-1} , PE+ imazathapyr 0.05 kg a.i ha^{-1} , PoE (0.298).

A verificação de ervas daninhas deu um índice de colheita mínimo devido à má partição de fotossintatos da fonte para o sumidouro, enquanto que a aplicação de pendimetalina @ 1 kg a.i ha^{-1} + 1 HW atingiu o valor máximo do índice de colheita *fb* tratamento livre de ervas daninhas (Sagvekar *et al.*, 2015).

2.7 Absorção de nutrientes

2.7.1 Perda de nutrientes através de ervas daninhas

A aplicação de fluchloralin @ 1000 g ha^{-1} (PPI) *fb* imazethapyr @ 80 g ha^{-1} (POE) e pendimethalin @ 900 g ha^{-1} (PE) *fb* imazethapyr @ 80 g ha^{-1} (POE) resultou numa absorção de azoto significativamente menor pelas ervas daninhas Savu *et al.* (2005)

A absorção de nutrientes pelas ervas daninhas foi a mais baixa nas parcelas que foram tratadas com pendimetalina + intercultura (Madhu *et al.*, 2006).

Chaudhari *et al.* (2007) observaram que a condição de ausência de ervas daninhas durante todo o período de crescimento da cultura do amendoim reduziu drasticamente a matéria seca, a absorção de N, P e K pelas ervas daninhas e aumentou o rendimento das vagens, a absorção de N, P e K pela cultura do amendoim no MPKV Rahuri.

Dhaka, (2011) referiu que dois HW aos 20 e 40 DAS, imazethapyr a 0,15 kg a.i ha^{-1} reduziram significativamente a depleção de N, P e K pelas ervas daninhas e aumentaram a concentração de nutrientes na semente e no caule e a sua absorção pelo sésamo do que os restantes tratamentos. Alachlor a 1,5 kg a.i ha^{-1} + HW a 20 DAS foi observado como o próximo tratamento superior em relação à redução da depleção e aumento da absorção pela cultura.

Rao *et al.* (2011) observaram que a aplicação pré-emergente de pendimetalina @1 kg a.i ha^{-1} *fb* HW aos 40 DAS diminuiu a absorção de nutrientes pelas ervas daninhas (6,8, 2,6 e 7,4 NPK kg ha^{-1} respetivamente) do que os outros tratamentos.

Mukharjee (2014) registou a menor depleção de N, P e K por ervas daninhas com monda manual duas vezes durante dois anos de estudo. No entanto, foi encontrado a par com pendiemthalin a 0,75 kg a.i ha^{-1} + HW aos 35 DAS.

Reddy *et al.* (2016) concluíram que a monda manual duas vezes aos 15 e 40 DAS registou a menor absorção de nutrientes pelas ervas daninhas na colheita (2,72, 0,94 e 2,42 kg N, P2O5 e K2O ha^{-1} respetivamente).

2.7.2 Absorção de nutrientes pela cultura

Savu *et al.* (2005) efectuaram um estudo de gestão de ervas daninhas no amendoim durante a estação *kharif* em Raipur, Chhattisgarh. Eles observaram que a aplicação de fluchloralin a 1,0 kg a.i ha^{-1} (PPI) *fb* imazethapyr a 80 g ha^{-1} (POE) e pendimethalin a 0,90 kg a.i ha^{-1} (PE) resultou em rendimento de vagem significativamente maior, absorção de N e rendimento de amendoim, enquanto a depleção de nutrientes por ervas daninhas foi mínima.

Pendimethalin + IC + HW resultou na maior absorção de N, P2O5 e K2O pelo amendoim, Madhu *et al.* (2006).

Chaudari *et al.* (2007) observaram que havia uma correlação negativa da produção de vagens com a absorção de N, P2O5 e K2O pelas ervas daninhas e uma correlação positiva com a absorção de N, P2O5 e K2O pelas culturas.

Vilas *et al.* (2011) observaram que a aplicação pré-emergente de pendimetalina a 1,0 kg a.i ha^{-1} *fb* one HW aos 15 dias após a sementeira aumentou a absorção de nutrientes na cultura do amendoim devido ao controlo eficaz das ervas daninhas em comparação com o controlo das ervas daninhas em Akola.

Kumar *et al.* (2012) encontraram um teor de N significativamente mais elevado na semente de mostarda após a aplicação de pendimetalina a 0,75 kg a.i ha^{-1} *fb* isoproturão a 0,75 kg a.i ha^{-1} sendo igual ao oxadiargil a 0,90 kg a.i ha^{-1} *fb* isoproturão a 0,75 kg a.i ha^{-1} . Os teores de óleo e S não foram influenciados significativamente pelos tratamentos de controlo de infestantes.

A monda manual e a intercultura aos 20 e 40 DAS, a pendimetalina 30% CE @ 0,9 kg a.i ha^{-1} como PE +imazethapyr, a pendimetalina 30% CE @ 0,9 kg a.i ha^{-1} como PE + monda manual e intercultura aos 40 DAS e o controlo sem ervas daninhas, que tiveram um rendimento relativamente mais elevado de vagens e de caules, revelaram ter um teor mais baixo de N, P2O5 e K2O no solo, principalmente devido à maior absorção de nutrientes pela cultura, Sharma *et al.* (2015).

2.7.2 Economia

Rendimentos líquidos significativamente mais elevados (Rs.25303 ha^{-1}) foram obtidos na prática de gestão integrada de ervas daninhas envolvendo a aplicação pré-emergente de Pendimethalin com práticas culturais, Malligawad *et al.* (2000).

Dharkar *et al.*, 2000). Observou-se um melhor retorno monetário (Rs. 22815 e 21811 ha^{-1} respetivamente) durante uma monda aos 20 DAS + sachas aos 20 e 40 DAS *seguidas de por* monda aos 20 e 40 DAS resultou num melhor retorno monetário e também no rácio B: C (Rs. 1.23 e 1.14) respetivamente.

Sasikala *et al.* (2004) observaram que a aplicação de fluchloralin (PPI) e imazethapyr foi considerada a mais económica com o maior lucro líquido (Rs 30, 578 ha^{-1}), duas mondas manuais aos 20 e 40 DAS (Rs 29,814 ha^{-1}) ou pendimethalin *fb* imazethapyr (Rs 29,808 ha^{-1}) foram as melhores práticas de gestão de ervas daninhas.

Foi conduzida uma investigação em Jalgaon Maharashtra e concluiu-se que a aplicação de pendimetalina @ 1,0 kg a.i ha^{-1} + aplicação pós-emergência de imazethapyr @ 75 g ha^{-1} a 20 DAS registou um rendimento significativamente mais elevado de vagens secas (1997 kg ha^{-1}), rendimentos brutos (Rs. 46.445 ha^{-1}), retornos líquidos (Rs-28.705 ha^{-1} e relação B: C 2,44) do que outros tratamentos, exceto verificação sem ervas daninhas em solo argiloso médio, Malunjkar *et al.* (2012).

Os maiores retornos monetários brutos (Rs. 1,09,845 ha^{-1}) foram registados no tratamento de controlo sem ervas daninhas, os retornos monetários líquidos máximos (Rs. 61,460 ha^{-1}) e a relação B: C (2,42) foram registados no tratamento de aplicação de pendimetalina 1,5 kg a.i ha^{-1} como pré-emergência + Imazethapyr 0.150 kg a.i ha^{-1} como pós-emergência + uma monda manual aos 40 DAS que foi considerada a prática de gestão de ervas daninhas economicamente mais viável para o amendoim na Breeder Seed Production Farm, Mahatma Phule Krishi Vidyapeeth, Rahuri, Maharashtra, Kalhapure *et al.* (2013)

Após a realização de várias experiências, Sheoran *et al.* (2015) observaram que a Pendimetalina 0,75 kg a.i ha^{-1} como PE + Imazethapyr 0,05 kg a.i ha^{-1} como PoE + 1 monda manual aos 45 DAS resultou nos maiores retornos líquidos e relação benefício: custo no amendoim.

Foi obtido um retorno líquido mais elevado de Rs. 49707 ha^{-1} e um rácio custo-benefício (2,53) no tratamento com pulverização pré-emergência de pendimetalina *e* pulverização pós-emergência de imazethapyr, uma vez que o maior rendimento de vagens foi alcançado com um custo de cultivo mais baixo por estes tratamentos, Shwetha *et al.* (2016).

Singh *et al.* (2019) de Bikaner descobriram que a pulverização de imazethapyr + pendimethalin @ 800g resultou em maiores retornos líquidos (Rs. 84132 ha^{-1}) e relação B: C (2,22).
As práticas de gestão das ervas daninhas registaram rendimentos líquidos e rácio B: C mais elevados do que o controlo não tratado, tal como referido por Kumari *et al.* (2020).

3 MATERIAIS E MÉTODOS

A experiência intitulada **"Gestão integrada de infestantes no amendoim de verão (*Arachis hypogaea L.*) em condições de regadio"** foi realizada durante a época de verão de 2022. Os detalhes dos materiais utilizados na experiência e os métodos adoptados no presente estudo são cronologizados neste capítulo com títulos apropriados.

3.1 Localização geográfica do sítio experimental

A experiência de campo foi realizada durante o verão de 2022 na parcela de investigação do AICRP sobre amendoim, dentro da quinta de investigação da Estação de Investigação em Horticultura (HRS), Universidade de Agricultura e Tecnologia de Odisha, Bhubaneswar, na época de verão de 2022. A latitude e a longitude da estação de investigação são 21^{0} 15 ' N e 85° 52' E, respetivamente, com uma altitude de 25,9 m acima do nível médio do mar. O campo insere-se na zona agro-climática da planície costeira oriental e sudeste de Odisha.

3.2 Caraterísticas do solo do campo experimental

As amostras de solo foram colhidas a 0-15 cm de profundidade no campo experimental e analisadas quanto às suas propriedades físicas e químicas, adoptando procedimentos normalizados, e os resultados foram resumidos no Quadro 3.2.1. Após a análise físico-química, revelou-se que o solo era de textura franco-arenosa, ligeiramente ácido, com baixo teor de carbono orgânico e médio teor de azoto disponível, potássio e elevado teor de fósforo

Tabela.3.2.1 Propriedades físico-químicas do campo experimental.

Parâmetros	Valores	Métodos utilizados
A. ANÁLISE MECÂNICA		
Areia (%)	77.2	Hidrómetro de Bouyoucos (piper, 1966)
Silte (%)	15.3	
Argila (%)	7.5	
Classe textural	Argila arenosa	
B. ANÁLISE FÍSICO-QUÍMICA		
pH do solo (suspensão de solo 1:2)	4.8	Medidor de pH com elétrodo de vidro (Jackson, 1973)
E.C (dS/m a 25°C)	0.0093	Método da ponte de condutividade (Jackson, 1973)
Carbono orgânico (%)	0.39	Walkley e método Black (Jackson 1973)
Azoto disponível (kg N/ha)		Método do KMNO4 alcalino (Jackson,1973
Fósforo disponível (kg P2O5/ ha)		O método de Bray (Jackson, 1973)
Potássio disponível (kg K2O/ha)		Flamefotometria método(Jackson, 1973)
Densidade aparente (mg/m $)^3$		Amostragem de núcleos (Dastane,1972)

3.3 Clima e tempo

O clima da região onde a experiência foi realizada é de natureza subtropical, com um verão quente e húmido (março-junho), uma monção quente e húmida (final de junho - meados de outubro) e um inverno ameno e seco (novembro-fevereiro). Em termos gerais, o clima insere-se no grupo do tipo quente húmido (Lenka,1976). Os dados meteorológicos apresentados nos quadros 3.4 e 3.5

Quadro 3.3.1 Dados meteorológicos mensais em Bhubaneswar de janeiro de 2022 a abril de 2022

Mês/ Ano	Temperatura (°C)		Humidade relativa (%)		Precipitação (mm)	N.º de dias de chuva	Vel. do vento (Km/h)
	Máximo.	Min.	Máximo.	Min.			
Jan-22	26.5	14.7	94	47	29.1	04	3.5
Fev-22	30.0	17.2	95	71	41.1	01	5.3

Mar-22	35.4	22.5	94	70	0.0	0	8.8
Abr-22	36.9	26.5	94	76	0.0	0	20.3
Total/média	128.8	80.9	377	264	70.2	5	37.9

Tabela 3.3.2 Dados meteorológicos semanais durante o período de crescimento da cultura

St. Semana da Met	Período	Temperatura (°C)		R.H. (%)		Precipitação (mm)	Não. de dias de chuva	Horas de sol.	Evapo (mm/dia)	Vel. do vento (Km/h)
		Máximo.	Min.	7.00 AM	2.00 PM					
1	2022	26.4	12.8	92	77	0.0	0	7.3	3.5	3.0
2	2022	26.7	15.7	95	39	16.5	3	5.0	2.9	1.9
3	2022	25.7	14.6	95	26	0.0	0	6.0	3.1	5.0
4	2022	27.5	16.9	95	41	12.6	1	3.9	3.1	3.9
5	2022	28.2	14.7	95	68	0.0	0	9.0	3.5	4.7
6	2022	28.7	15.8	95	66	0.0	0	7.1	3.6	7.2
7	2022	28.9	15.3	95	74	1.1	0	6.6	3.1	4.2
8	2022	31.2	19.7	95	70	40.0	1	1.3	2.9	4.0
9	2022	33.1	20.0	94	69	0.0	0	NA	3.1	5.3
12	2022	34.7	20.6	93	67	0.0	0	NA	3.3	4.7
11	2022	36.3	22.3	95	69	0.0	0	NA	3.8	5.3
12	2022	36.3	23.0	95	69	0.0	0	NA	3.9	11.1
13	2022	35.4	26.0	93	77	0.0	0	NA	3.7	18.8
14	2022	34.2	25.9	93	78	0.0	0	NA	3.6	20.1
15	2022	35.7	26.3	92	72	0.0	0	NA	4.0	24.7
16	2022	37.0	26.3	94	78	0.0	0	NA	3.8	21.1

Fonte: Departamento de Agronomia, Escola Superior de Agricultura, OUAT, Bhubane **Quadro 3.4 Historial de culturas do sítio experimental**

Sl. Não	Ano	*Quaresma*	*Rabi*
1.	2019	Amendoim	Amendoim
2.	2020	Amendoim	Amendoim
3.	2021	Amendoim	Amendoim

3.5 Pormenores do campo experimental

3.5.1 Conceção e esquema da experiência

O **experimento "Manejo integrado de plantas daninhas no amendoim de verão (*Arachis hypogaea* L.) sob condições de irrigação"** foi conduzido durante o verão de 2022. Os tratamentos foram dispostos em um projeto de blocos aleatórios com três repetições.

Tamanho da parcela	4 m x 3 m
Época	verão de 2021-2022.
Espaçamento	30 cm x 10 cm
Variedades	Dharani
Taxa de sementeira	150 kg/ha
Conceção	Desenho de blocos aleatórios (RBD)
Tratamentos	12 (Doze)
Replicações	03 (Três)
Número total de parcelas	36 (Trinta e seis)

Conceção: RBD, Replicações: 3 Parcela bruta: 4,5 X 3,5 m Parcela líquida: 4,0 X 3,0m

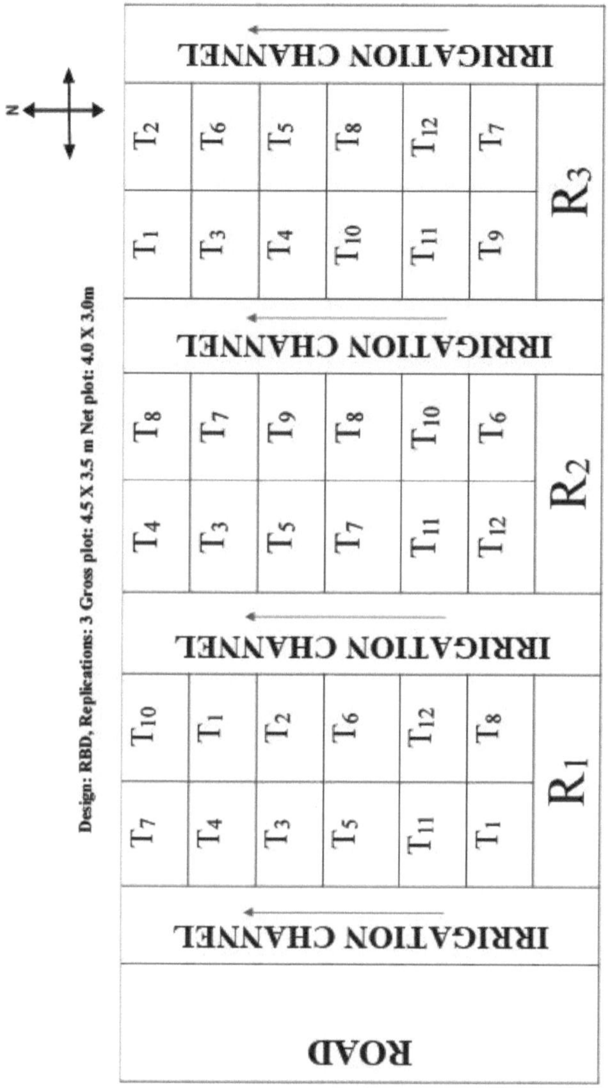

Fig. 3.1 PLANTA DO CAMPO EXPERIMENTAL

Quadro 3.5 Pormenores dos tratamentos na parcela experimental

Tratamento	Detalhes do tratamento
Ti	Diclosulam 84% WDG @ 20g a.i./ha (PE)
T_2	Diclosulam 84% WDG @ 25g a.i./ha (PE)
T3	Diclosulam 84% WDG @ 20g a.i./ha (PE) *fb* Intercultivo/ monda manual a 25-30 DAS
T4	Diclosulam 84% WDG @ 25g a.i./ha (PE) *fb* Intercultivo/ monda manual a 25-30 DAS

T5	Diclosulam 84% WDG @ 20g a.i./ha (PE) *fb* Quizalofop-p-ethyl 5% EC 50g a.i./ha (POE) a 18-20 DAS
T6	Diclosulam 84% WDG @ 25g a.i./ha (PE) *fb* Quizalofop-p-ethyl 5% EC 50g a.i./ha (POE) a 18-20 DAS
T7	Pendimetalina 30% EC @ 1kg. a.i./ha (PE) *fb* Quizalofop-p-ethyl 5% EC 50g a.i./ha (POE) a 18-20 DAS
T8	Pendimetalina 30% EC @ 1kg. a.i./ha (PE)+ Imazethapyr 2% EC (Readymix) +Monda manual a 20-25 DAS
T9	Pendimetalina 30% EC @ 1kg. a.i./ha (PE) + Imazethapyr 2% EC (Readymix)*fb* Quizalofop-p-ethyl 5% EC 50g a.i./ha (POE) a 18-20 DAS
Tio	Monda manual duas vezes aos 20 e 40 DAS
Til	Controlo de infestantes
T12	Sem ervas daninhas

3.5.2 Pormenores da cultivar

Nome da cultivar	Dharani
Parentesco	VRI2-XTCGP-6
Tipo	Tolerante à seca
Caraterísticas	Tolerante à seca, suporta até 35 dias de seca, maturidade uniforme, SKM% elevado, tolerante a condições de pouca luz, estatura moderada, teor de óleo de 50%, rendimento de casca: 75-77%
Duração	100-105 dias
Carácter da cápsula	Reticulado e de cor castanha
Potencial de rendimento	Kharif: 16-26 q/ha Rabi : 37-43 q/ha
Local e ano de libertação	Tirupati ,2013

3.5.3 Pormenores sobre os herbicidas

Os pormenores sobre os herbicidas testados, ou seja, Diclosulam, Diclosulam + Quizalofop-p-ethyl, Pendimethalin + Quizalofop-p-ethyl, Pendimethalin + Imazethapyr (Readymix) e Pendimethalin + Imazethapyr (Readymix) + Quizalofop-p-ethyl, são apresentados a seguir.

3.5.3.1 Diclosulame

i.	Grupo dos herbicidas	Sulfonamida, triazolopirimidina
ii.	Nome químico	N-(2,6-diclorofenil)-5-etoxi-7-fluoro- (1,2,4)triazolo(1,5 -c)pirimidina-2-sulfonamida
iii.	Nome comercial	Braço forte
iv.	Fórmula empírica	C13H10Q2FN5O3S
v.	Peso molecular	406,2 g/mol
vi.	Formulação	84 % DE GTD
vii.	Solubilidade em água;	0. 3 mg/l (20 °C)
viii.	Ponto de fusão;	56 - 57 °C
ix.	Pressão de vapor;	4,0 m Pa a 25 °C
x.	Ingrediente ativo utilizado	20 g a.i/ha e 25 g a.i/ha

xi.	Fórmula estrutural	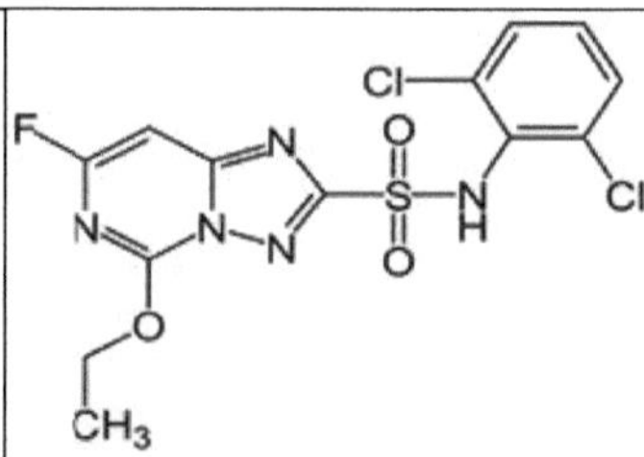
xii.	Modo de ação	Absorvido pelas raízes e pela folhagem e translocado para os pontos de crescimento. Inibe a síntese de aminoácidos vegetais - aceto lactato sintase (ALS).

3.3.2 Quizalofope-p-etilo

i.	Grupo dos herbicidas	Ácido ariloxi-fenoxipropiónico
ii.	Nome químico	ethyl(2R)-2-[4-[(6-chloro-2-quinoxalinil)oxi]fenoxi]propanoato
iii.	Nome comercial	Targa super
iv.	Fórmula empírica	$C_{17}H_{13}GN_2O_4$
v.	Peso molecular	372,805g/mol
vi.	Formulação	5 CE
vii.	Solubilidade em água	111 g l^{-1} a 20 °C
viii.	Ponto de fusão	91 °C
ix.	Pressão de vapor	1,1 X 10-4 m bar a 20 °C
x.	Ingrediente ativo utilizado	0,05kg/ha
xi.	Fórmula estrutural 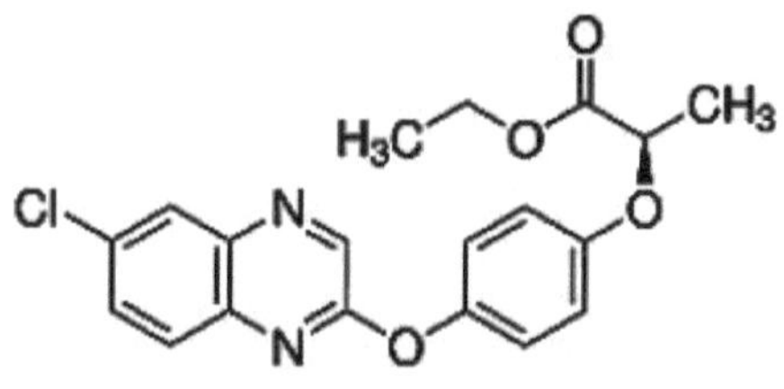	
xii.	Modo de ação : O Quizalofop-p-ethyl é um herbicida sistémico que inibe a acetil CoA Carboxilase, que, em última análise, inibe a biossíntese de ácidos gordos nas plantas. É utilizado como um controlo pós-emergência seletivo de gramíneas anuais e perenes em batatas, soja, beterraba sacarina e sementes oleaginosas como amendoim, colza, girassol, legumes, algodão e linho. A maioria das culturas não gramíneas é tolerante a este herbicida.	

3.5.3.3 Pendimetalina

i.	Grupo dos herbicidas	Dinitroanilina
ii.	Nome químico	N-(1-etilpropil)-3,4-dimetil-2,6- dinitrobenzenamina
iii.	Nome comercial	Pisar
iv.	Fórmula empírica	$C_{13}H_{19}N_3O_4$
v.	Peso molecular	281,31 g/mol
vi.	Formulação	30 % CE
vii.	Solubilidade em água	0. 3 mg/l (20 °C)

viii.	Ponto de fusão	56 - 57 °C
ix.	Pressão de vapor	4. 0 m Pa a 25 °C
x.	Ingrediente ativo utilizado	0,75 kg/ha
xi.	Fórmula estrutural 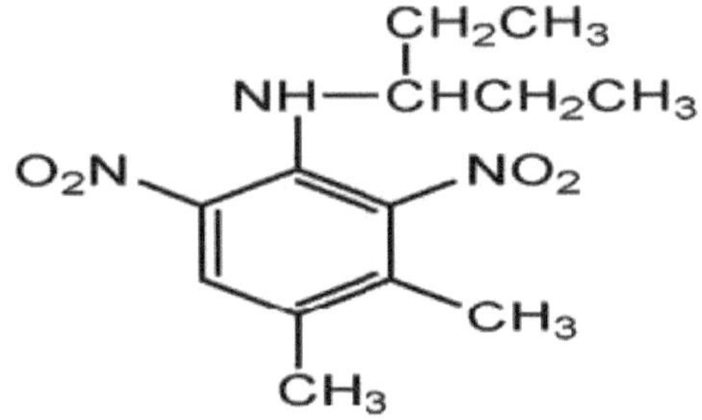	
xii.	Modo de ação : A pendimetalina é aplicada como herbicida de pré-emergência, que inibe a formação de ATP nas mitocôndrias, interferindo na produção de energia, no transporte de energia ou em ambos. Sabe-se que a pendimetalina é absorvida pelas ervas daninhas em germinação e inibe a divisão celular nos tecidos meristemáticos, de modo que a maioria das ervas daninhas morre poucos dias após a sua emergência (Eshel *et al.*, 1979). Também tem um papel na rutura dos microtúbulos e pára a mitose porque bloqueia a síntese de proteínas, ácidos nucleicos (ARN e ADN) e outros requisitos para a mitose (Devine *et al.*, 1993).	

3.5.2 Pendimetalina+Imazathapyr (Readymix)

i.	Grupo dos herbicidas	Pendimetalina 30 CE + Imazethapyr 2 CE (mistura pronta)
ii.	Nome químico	Ácido (+)5-etil-2-(4-isopropil-4-metil-5-oxo-2-imidazolin-2-il) nicotínico, N-(1- etilpropil)-3, 4-dimetil-2, 6-dinitro benzenamina
iii.	Nome comercial	Valor 32
iv.	Fórmula empírica	$C_{13}H_{19}N_3O_4$; $C_{15}H_{19}N_3O_3$
v.	Peso molecular	311,90 e 306,40 g/mol
vi.	Formulação	32 CE
vii.	Solubilidade em água	Emulsionável
viii.	Ponto de fusão	Aproximadamente 2500C
ix.	Pressão de vapor	Aproximadamente 28 mm Hg (200C)
x.	Ingrediente ativo utilizado	0,75kg/ha
xi.	Fórmula estrutural 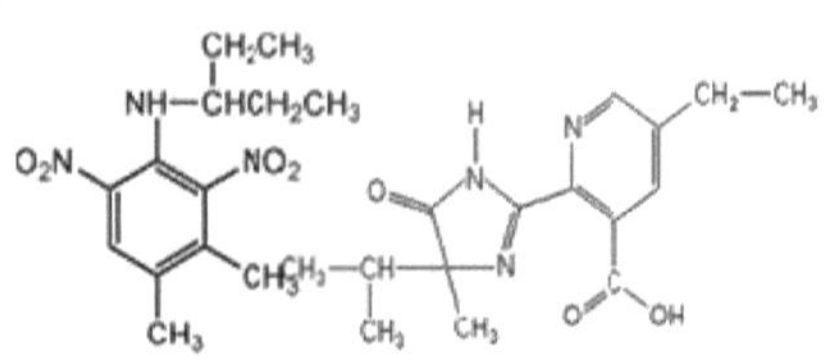	
xii.	Aplicação :	

	Controla mais de 45 infestantes de folha larga e gramíneas, incluindo a beladona, o rabo de raposa e a folha de veludo. Valor mata as ervas daninhas através da absorção do herbicida pelas raízes das ervas daninhas e da rápida translocação para os pontos de crescimento. Rótulo suplementar para ervilhas inglesas, feijão-de-lima, feijão-marinho, feijão-do-norte, feijão-vermelho, feijão-preto, feijão-verde, feijão-verde, feijão-verde e feijão branco pequeno. Não se aplica aos feijões tartaruga preta da variedade Domino. Não é utilizado se forem esperadas condições de frio ou de humidade na semana seguinte à aplicação. Utilizado para o controlo de algumas gramíneas anuais e espécies de ervas daninhas de folha larga, incluindo mostardas, beladonas e ervas daninhas de raiz vermelha.

3.6 Pormenores da cultura do amendoim

3.6.1 Operações no terreno

A parcela experimental foi lavrada com a ajuda de um cultivador puxado por trator, seguido de um rotavator e de uma niveladora. O torrão foi triturado por um trator rotavator. O nivelamento do campo foi efectuado com a ajuda de uma niveladora e o campo foi preparado para a disposição.

3.6.2 Esquema da experiência

A disposição da experiência foi feita de acordo com os requisitos do projeto de blocos aleatórios. Pequenos feixes de 30cm de altura e 40cm de largura foram erguidos em torno de cada parcela.

3.6.3 Fertilizantes

A cultura foi fertilizada com a dose recomendada de FYM 5 t/ha e fertilizante 20 Kg N, 40 Kg P2O5 e 40 Kg K2O /ha &Gypsum @ 250 Kg/ha. As necessidades de N P K foram satisfeitas através da aplicação de Ureia, Superfosfato simples e Muriato de potássio, respetivamente. A dose total de fósforo e potássio e nitrogénio e 50% de gesso foi aplicada como basal. Os restantes 50% de gesso foram aplicados na altura do arranque.

3.6.4 Sementes e sementeiras

O grão de amendoim foi tratado com pó de vitavax a 2 g/kg de semente. Um dia antes da sementeira, as sementes foram semeadas com um espaçamento de 30 cm entre linhas e 10 cm entre plantas, a uma profundidade de 5 cm. Em seguida, foram tratadas com cultura de rizóbio e PSB a 20 g/kg de semente, seguida de sementeira. A necessidade de sementes foi de 150 kg/ha. O preenchimento de lacunas foi feito após 7 dias de germinação para manter uma população óptima.

3.6.5 Aplicação de herbicidas

Os herbicidas foram misturados corretamente com a dose adequada e a quantidade necessária de água e deixados em repouso durante 10-15 minutos. Depois disso, os herbicidas foram pulverizados por um pulverizador de dorso, de manhã, uniformemente em toda a área.

3.6.6 Enxada e ligação à terra

A sacha foi efectuada com enxadas de trincheira aos 20 e 40 dias após a sementeira, de acordo com os tratamentos.

3.6.7 Irrigação

A primeira irrigação foi efectuada um dia após a sementeira para garantir uma germinação uniforme. As nove regas seguintes foram efectuadas em diferentes fases de crescimento da cultura, sempre que necessário.

3.6.8 Colheita

A colheita foi efectuada (04 de maio de 2022) quando mais de 75% das vagens de plantas selecionadas ao acaso apresentavam estrias negras na parede interna da casca, amarelecimento das folhas, desenvolvimento da cor própria da testa. Em cada parcela, duas linhas da cultura foram deixadas como linhas de fronteira. As cinco plantas de cada parcela foram colhidas separadamente para registar as observações pós-colheita. As linhas fronteiriças da parcela foram colhidas primeiro, seguidas pela parcela da rede. As vagens foram descascadas à mão e secas ao sol até atingirem um peso constante. O peso do rendimento das vagens secas ao sol e o rendimento do haulm foram registados e expressos em Kg/ha. As vagens e os caules das plantas amostradas foram adicionados à produção da parcela de rede para calcular o rendimento de vagens e caules por parcela e convertidos em kg/ha.

3.7 Observação a registar

3.7.1 Flora infestante

A flora infestante do sítio experimental foi identificada e classificada em categorias como gramíneas, juncos e infestantes de folha larga.

3.7.2 Densidade das infestantes

O número de ervas daninhas foi contado aos 30, 60, 90 DAS e na colheita em quadrantes selecionados (0,5 x 0,5 m^2) em cada parcela e expresso em número/m^2 . Em cada fase da amostragem, as ervas daninhas foram categorizadas em gramíneas, juncos e ervas daninhas de folhas largas. Os dados foram submetidos a uma transformação de raiz quadrada para melhor representação.

3.7.3 Matéria seca de infestantes

As ervas daninhas foram removidas do quadrante selecionado em cada fase da amostragem e, após a remoção da parte da raiz, foram inicialmente secas ao sol, seguidas de secagem em estufa a 72° C. A matéria seca das ervas daninhas de gramíneas, juncos e folhas largas foi expressa em g/m .^{2}

Quadro 3.6 Calendário da operação de campo para a experiência

Sl.n	Particularidades	Data
1	Preparação do terreno e lavoura	3.01.22
2	Disposição do campo	4.01.22
3	Aplicação de fertilizantes	4.01.22
4	Semeadura	4.01.22
5	Aplicação PE de herbicida	5.01.22
6	Aplicação PoE de herbicida	27.01.22
7	Monda manual	1.02.22
8	Programa de irrigação	
	1st	04.01.22
	2nd	19.01.22
	3rd	31.01.22
	4.o	14.02.22
	5th	25.02.22
	6th	8.03.22
	7ª	21.03.22
	8th	2.04.22
	9º.	22.04.22
9	Colheita	23.04.22

3.7.4 Índice de infestantes (%)

É uma medida da perda de rendimento da cultura ocorrida em todo o tratamento em comparação com a parcela livre de ervas daninhas.

Índice de infestantes (WI) $(WI) = \frac{YWF-YT}{YWF} \times 100$

Onde, YWF= Rendimento da cultura em parcela livre de infestantes

YT=rendimento da cultura na parcela de tratamento.

3.7.5 Eficiência do controlo de infestantes (%)

Compara diferentes métodos de controlo de ervas daninhas com base no seu efeito na densidade das ervas daninhas. A eficiência do controlo das ervas daninhas em termos de peso seco das ervas daninhas foi calculada com base na seguinte fórmula.

Eficiência do controlo de ervas daninhas (WCE) $= \frac{WDC-WDT \times 10}{WDC}$

WDC = Peso seco das ervas daninhas (g/m^2) na parcela de controlo, WDT = Peso seco das ervas daninhas (g/m2) na parcela tratada.

3.7.6 Observações pré-colheita sobre o crescimento das culturas

As observações dos parâmetros de crescimento da cultura aos 30, 60, 90 DAS e na colheita foram registadas em cinco plantas selecionadas aleatoriamente de cada parcela. As estacas de bambu foram fixadas perto das plantas de observação para facilitar a sua localização.

1. Altura da planta

A altura da planta (cm) foi medida a partir do nível do solo até à ponta de crescimento da folha recém-aberta que emerge do rebento principal, a observação foi efectuada aos 30, 60 e 90 DAS e na colheita.

2. Número de ramos por planta

O número de ramos por planta foi registado nas mesmas plantas de observação de cada parcela da rede, nas quais a altura das plantas foi registada periodicamente.

3. Número de folhas funcionais por planta

O número de folhas funcionais por planta foi registado por contagem real das mesmas plantas selecionadas para a altura da planta e o número de ramos.

4. Índice de área foliar (LAI)

A área foliar/planta foi medida utilizando um medidor de área foliar. Foram retiradas plantas da área de amostragem destrutiva e foram feitas observações de 5 plantas selecionadas aleatoriamente aos 30, 60, 90 DAS e na colheita. O LAI foi calculado utilizando a fórmula dada por Watson, 1952.

$$LAI = \frac{\text{Total leaf area}}{\text{Ground area}}$$

$$\frac{\text{Área foliar total}}{\text{Área do solo}}$$

5. Produção de matéria seca

Foram retiradas cinco plantas das linhas de amostragem aos 30, 60, 90 DAS e na maturidade. A parte da raiz da planta foi separada e as plantas foram limpas com um jato de água para remover o solo aderente. Toda a amostra de plantas foi então seca em estufa (72° C) até atingir um peso constante e a matéria seca foi registada em kg/ha.

3.7.7 Observações pós-colheita

1. Número de vagens cheias e não cheias/planta

Todas as vagens de cinco plantas amostradas foram agrupadas em vagens cheias e vagens não cheias separadamente. Estas foram contadas separadamente e o número médio em cada categoria foi registado de acordo com os tratamentos. O número total de vagens por planta foi registado adicionando as vagens desenvolvidas e não desenvolvidas.

2. Peso da vagem (g/planta)

Foram escolhidas ao acaso cinco plantas de cada parcela aquando da colheita e registado o peso das vagens (g)/planta.

3. Peso de cem vagens

Após a secagem completa das vagens, o peso de 100 vagens foi selecionado aleatoriamente, registado, calculado a média e expresso em gramas (g).

4. Peso de cem grãos

Uma amostra de vagens com peso desconhecido foi selecionada a partir da produção líquida da parcela. As vagens foram descascadas e os grãos foram separados. O peso de cem grãos sólidos da amostra foi registado e expresso em gramas (g).

5. Percentagem de descasque

A percentagem de descasque do amendoim foi calculada retirando 200 g de vagens de cada parcela de rede quando estavam completamente secas. Os grãos foram separados da vagem por trabalho manual e o peso dos grãos foi medido em gramas, sendo depois a percentagem calculada pela seguinte fórmula.

$$\text{Shelling percentage} = \frac{\text{Weight of kernel}}{\text{Weight of pods}} \times 100$$

Percentagem de descasque = Peso do grão x100
Peso das vagens

6. Rendimento de vagens (kg/ha)

A produção de vagens de cada parcela de rede foi registada após a colheita e a limpeza do produto e comunicada por hectare em kg/ha.

7. Rendimento do camião (kg/ha)

O rendimento a granel foi calculado subtraindo o rendimento de vagens correspondente ao rendimento biológico e depois convertido em kg/ha.

.8. Rendimento biológico (kg/ha)

O rendimento biológico é a soma do rendimento em vagens secas (kg/ha) e do rendimento em lâminas (kg/ha). É calculado pela seguinte fórmula.

Rendimento biológico = Rendimento seco de vagens (kg/ha) + Rendimento seco de cascas (kg/ha)

9. Índice de colheita (%)

É a percentagem do rendimento económico em relação ao rendimento biológico total. O índice de colheita refere-se à proporção da distribuição de assimilados entre a biomassa económica e a biomassa total (Donald e Hamblin, 1976). Foi calculado através da seguinte fórmula,

$$\text{Harvest Index (\%)} = \frac{\text{Economical yield}}{\text{Biological yield}} \times 100$$

Índice de colheita (%) = Rendimento económico x100
Rendimento biológico

3.7.8 Economia

1. Rendimentos monetários brutos (Rs/ha)

O valor monetário do produto de cada tratamento foi calculado tendo em conta o preço de mercado prevalecente das vagens de amendoim e dos haulms.

2. Custo de cultivo (Rs/ha)

O custo de cultivo de cada tratamento foi calculado tendo em conta os preços dos factores de produção variáveis, nomeadamente a mão de obra, os fertilizantes, as sementes, as máquinas, as medidas fitossanitárias e a irrigação.

3. Rendimentos monetários líquidos (Rs/ha)

Os rendimentos monetários líquidos de cada tratamento foram calculados deduzindo o custo de cultivo de cada tratamento dos rendimentos monetários brutos obtidos com os respectivos tratamentos.

4. Rácio benefício-custo

O rácio benefício-custo (rácio B:C) foi calculado utilizando a fórmula sugerida por Palaniappan (1985).

$$\text{Benefit-cost ratio} = \frac{\text{Gross Returns}}{\text{Cost of production}}$$

Rendimentos brutos

Rácio benefício-custo =

Custo de produção

3.7.9 Análises laboratoriais

1. Análise das propriedades químicas do solo

Foram recolhidas amostras compostas de solo para cada parcela, a uma profundidade de 0-15 cm, após a colheita da cultura, seguida de secagem à sombra.

2. Análise de plantas para a absorção de nutrientes pela cultura e pelas infestantes

Para estimar a absorção de N, P e K pelas ervas daninhas e pela cultura, as amostras foram recolhidas corretamente. A vagem e o caule da cultura foram guardados num saco de polietileno separado. Para o efeito, foi recolhida uma amostra composta de cada tratamento. As amostras foram secas em estufa a 72° C durante 72 horas. Em seguida, foram processadas para moagem final e passadas por uma peneira de 2 mm e analisadas através dos seguintes métodos.

Quadro: 3.7 Método utilizado para a análise química da amostra de ervas daninhas e de culturas

S.n.	Nutriente	Método
1.	Azoto total	Método de micro-Kjeldhal modificado (Jackson1973)
2.	Fósforo total	Método de digestão di-ácida e colorimétrico Determinação (Piper,1950)
3.	Potássio total	Método do fotómetro de chama (Jackson ,1973

Análise estatística

Os dados de campo e de laboratório foram submetidos à análise estatística da técnica de variância, conforme descrito no Statistical procedure for Agriculture Research por Gomez e Gomez (1984). O erro padrão das médias (S.Em. ±) e as diferenças críticas foram calculados ao nível de 5% de significância para expressar o efeito dos diferentes tratamentos.

4 RESULTADOS

Neste capítulo são apresentados os resultados da experiência de campo intitulada "Integrated weed management in summer groundnut (*Arachis hypogaea* L.) under irrigated condition" (Gestão integrada de infestantes no amendoim de verão (*Arachis hypogaea* L.) em condições de regadio), realizada durante o verão de 2022 no AICRP sobre amendoim, Horticulture Research Station (HRS), Odisha University of Agriculture and Technology, Bhubaneswar.

4.1 Dinâmica das infestantes

Flora infestante

A flora infestante presente no campo experimental era constituída por sete espécies de infestantes de folha larga, cinco espécies de gramíneas e uma espécie de junça. A flora dominante de infestantes de folha larga *foi Borreria hispida, Cleome rutidosperma, Cleome viscosa, Eclipta alba, Croton sparsiflorus, Celosia argentea, Phylanthus niruri*. Entre as gramíneas, *Digitaria sanguinalis, Digitaria ciliaris, Echinochloa colonum, Elusine indica, Dactyloctenium aegyptium* e o único junco dominante foi *Cyperus rotundus*. Esta foi a única espécie predominante observada durante o período de cultivo.

Tabela:4.1 Diferentes categorias de ervas daninhas encontradas no campo

Espécies	Nome comum	Família
Gramíneas		
1. *Digitaria sanguinalis*	Erva-caranguejeira	Poaceae
2. *Digitaria ciliaris*	Erva-caranguejeira do Sul	Poaceae
3. *Echinochloa colonum*	Erva de curral	Poaceae
4. *Elusine indica*	Erva de ganso	Poaceae
5. *Dactyloctenium aegyptium*	Pé de cabra Erva	Poaceae
Sedges		
1. *Cyperus rotundus*	Motha	Cyperaceae
Ervas daninhas de folha larga		
1. *Borreria hispida*	Erva de botão	Rubiáceas
2. *Cleome rutidosperma*	Flor-aranha com franjas	Capparidaceae
3. *Cleome viscosa*	Flor-aranha asiática	Capparidaceae
4. *Eclipta alba*	Margarida falsa	Asteraceae
5. *Croton sparsiflorus*	Laureal variegado	Euphorbiaceae
6. *Celosia argentea*	Espinafres vermelhos	Amaranthaceae
7. *Phylanthus niruri*	Quebra-pedras	Euphorbiaceae

4.1 Densidade das infestantes

4.1.1 Densidade total de infestantes

O quadro 4.1.1 apresenta os dados relativos à densidade total de ervas daninhas em diferentes fases do crescimento da cultura. A densidade total de ervas daninhas em geral aumentou de 30 DAS para 90 DAS, depois disso a densidade diminuiu gradualmente até a colheita. Diclosulam 84% WDG @ 25g a.i./ha (PE) *fb* intercultivo aos 20-25 DAS (T4) registou uma densidade total de ervas daninhas significativamente mais baixa (4.7, 6.8, 12.3, 11.6 no./m^2 ,respetivamente) em todas as fases de crescimento da cultura. O controle de ervas daninhas (T10) registrou a maior densidade de ervas daninhas (36,9, 72,7, 91,9, 83,6 no./m^2) em todos os estágios de crescimento da cultura.

4.1.2 Gramíneas

A população de ervas daninhas gramíneas registada aos 30,60,90 DAS e na colheita é apresentada no quadro 4.1.2. Os dados apresentados na tabela 4.1.2 sobre a densidade de ervas daninhas mostraram que, aumentou de 30-90 DAS e depois diminuiu na colheita. Entre os tratamentos herbicidas, a aplicação de Diclosulam 84% WDG @ 25g a.i./ha (PE) *fb* intercultivo aos 20-25 DAS (T4) registou a menor população de ervas daninhas (2.3, 3.5, 7.5, 6.4/m^2) em todas as fases de crescimento da cultura. O controle de ervas daninhas registrou a população máxima de ervas daninhas gramíneas (24,5, 50,3, 67,4, 61,2/m^2) em vários estágios de crescimento.

4.1.3 Sedges

A população de juncos registada aos 30,60,90 DAS e na colheita é apresentada no quadro 4.1.3. Entre os tratamentos herbicidas, a aplicação de Diclosulam 84% WDG @ 25g a.i./ha (PE) *fb* Quizalofop-p-ethyl 5% EC 50g a.i./ha (POE) às 18-20DAS (T6) registou a população mais baixa de juncos (1/m^2) seguida de Diclosulam 84% WDG @ 20g a.i./ha (PE) *fb* Quizalofop-p-ethyl 5% EC 50g a.i./ha (POE) às 18-20DAS (T5) na colheita. A população máxima de juncos (5.2, 5.6, 4.7, 4.3/m^2) foi observada no controlo de ervas daninhas em todas as fases de crescimento da cultura

4.1.4 Densidade de infestantes de folhosas

A população de ervas daninhas de folhas largas registada aos 30, 60 e 90 DAS e na colheita é apresentada no quadro 4.1.4. Isso mostrou que a densidade de ervas daninhas aumentou de 30 DAS para 90 DAS. Entre os tratamentos, Pendimethalin 30% EC @ 1kg. a.i./ha (PE)+ Imazethapyr 2% EC (Readymix) + Capina manual aos 20-25 DAS (T8) reduziu significativamente a densidade de ervas daninhas de folhas largas em (2.8, 2.1/m^2) seguido por duas capinas manuais aos 20 DAS e 40 DAS (T10) aos 90 DAS e colheita e o controlo de ervas daninhas registou a maior densidade de ervas daninhas (5.2, 5.6, 4.7, 4.3/m2).

Quadro 4.1.1 Densidade total de infestantes afetada por diferentes práticas de gestão de infestantes em diferentes fases da cultura

Tratamentos		30 DAS	60 DAS	90 DAS	Na colheita
T1	Diclosulam 84% WDG @ 20g a.i./ha (PE)	16.9(4.17)	34.7(5.93)	43.17(6.61)	39.8(6.35)
T2	Diclosulam 84% WDG @ 25g a.i./ha (PE)	16.3(4.10)	29.9(5.51)	38.97(6.28)	35.5(6.00)
T3	Diclosulam 84% WDG @ 20g a.i./ha (PE) *fb* intercultivo a 20-25 DAS	6.3(2.61)	8.6(3.02)	14(3.81)	14.5(3.87)
T4	Diclosulam 84% WDG @ 25g a.i./ha (PE) *fb* intercultivo a 20-25 DAS	4.7(2.28)	6.8(2.70)	12.3(3.58)	11.6(3.48)
T5	Diclosulam 84% WDG @ 20g a.i./ha (PE) *fb* Quizalofop-p-ethyl 5% EC 50g a.i./ha (POE) a 18-20DAS	5.2(2.39)	7.3(2.79)	13.6(3.75)	13(3.67)
T6	Diclosulam 84% WDG @ 25g a.i./ha (PE) *fb* Quizalofop-p-ethyl 5% EC 50g a.i./ha (POE) a 18-20DAS	5.1(2.37)	7(2.74)	12(3.54)	11.6(3.48)
T7	Pendimetalina 30% EC @ 1kg. a.i./ha (PE) *fb* Quizalofop-p-ethyl 5% EC 50g a.i./ha (POE) a 18-20DAS	7.1(2.76)	12(3.54)	18.17(4.32)	16.02(4.06)
T8	Pendimetalina 30% CE @ 1kg. a.i./ha (PE)+ Imazethapyr 2% CE (Readymix) +Monda manual a 20-25 DAS	4.5(2.24)	7.5(2.83)	14.67(3.89)	11.82(3.51)
T9	Pendimetalina 30% CE a 1kg. a.i./ha (PE)+ Imazethapyr 2% CE (Readymix) *fb* Quizalofop-p-ethyl a 18-20DAS	6.1(2.57)	9.4(3.15)	15.57(4.01)	14(3.81)
T10	Monda manual duas vezes a 20 e 40 DAS	4.8(2.30)	7.9(2.90)	15.07(3.95)	13.8(3.78)
T11	Controlo de infestantes	36.9(6.12)	72.7(8.56)	91.9(9.61)	83.6(9.17)
T12	Sem ervas daninhas	2(1.58)	2.8(1.82)	3.2(1.92)	3.2(1.92)
SeM (+)		0.11	0.16	0.17	0.15
CD (P=0,05)		0.31	0.45	0.48	0.42

Os valores entre parêntesis estão sujeitos à transformação $\sqrt{x+0.5}$.

Quadro 4.1.2 Densidade de infestantes gramíneas afetada por diferentes práticas de gestão de infestantes em diferentes fases da cultura

Tratamentos	30 DAS	60 DAS	90 DAS	Na colheita

T1	Diclosulam 84% WDG @ 20g a.i./ha (PE)	8.40(2.98)	17.30(4.22)	22.00(4.74)	21.20(4.66)
T2	Diclosulam 84% WDG @ 25g a.i./ha (PE)	8.30(2.97)	15.40(3.99)	21.50(4.69)	19.50(4.47)
T3	Diclosulam 84% WDG @ 20g a.i./ha (PE) *fb* intercultivo a 20-25 DAS	2.70(1.79)	3.90(2.10)	6.70(2.68)	7.00(2.74)
T4	Diclosulam 84% WDG @ 25g a.i./ha (PE) *fb* intercultivo a 20-25 DAS	2.30(1.67)	3.50(2.00)	7.50(2.83)	6.40(2.63)
T5	Diclosulam 84% WDG @ 20g a.i./ha (PE) *fb* Quizalofop-p-ethyl 5% EC 50g a.i./ha (POE) a 18-20DAS	2.80(1.82)	3.90(2.10)	7.70(2.86)	6.10(2.57)
T6	Diclosulam 84% WDG @ 25g a.i./ha (PE) *fb* Quizalofop-p-ethyl 5% EC 50g a.i./ha (POE) a 18-20DAS	2.30(1.67)	3.70(2.05)	6.80(2.70)	6.80(2.70)
T7	Pendimetalina 30% EC @ 1kg. a.i./ha (PE) *fb* Quizalofop-p-ethyl 5% EC 50g a.i./ha (POE) a 18-20DAS	3.90(2.10)	6.70(2.68)	10.10(3.26)	8.00(2.92)
T8	Pendimetalina 30% CE @ 1kg. a.i./ha (PE)+ Imazethapyr 2% CE (Readymix) +Monda manual a 20-25 DAS	2.40(1.70)	5.10(2.37)	9.80(3.21)	7.60(2.85)
T9	Pendimetalina 30% CE a 1kg. a.i./ha (PE)+ Imazethapyr 2% CE (Readymix) *fb* Quizalofop-p-ethyl a 18-20DAS	2.80(1.82)	5.60(2.47)	8.30(2.97)	7.90(2.90)
T10	Monda manual duas vezes a 20 e 40 DAS	2.50(1.73)	4.40(2.21)	10.40(3.30)	8.50(3.00)
T11	Controlo de infestantes	24.50(5.00)	50.30(7.13)	67.40(8.24)	61.20(7.85)
T12	Sem ervas daninhas	1.20(1.30)	1.50(1.41)	1.70(1.48)	1.80(1.52)
SeM (+)		0.20	0.40	0.57	0.51
CD (P=0,05)		0.59	1.17	1.65	1.49

Os valores entre parêntesis estão sujeitos à transformação $\sqrt{x+0.5}$.

Quadro 4.1.3 Densidade de infestantes de juncos afetada por diferentes práticas de gestão de infestantes em diferentes fases da cultura

Tratamentos		30 DAS	60 DAS	90 DAS	Na colheita
T1	Diclosulam 84% WDG @ 20g a.i./ha (PE)	4.10(2.14)	4.30(2.19)	3.70(2.05)	3.20(1.92)
T2	Diclosulam 84% WDG @ 25g a.i./ha (PE)	3.20(1.92)	3.80(2.07)	3.00(1.87)	2.70(1.79)
T3	Diclosulam 84% WDG @ 20g a.i./ha (PE) *fb* intercultivo a 20-25 DAS	2.10(1.61)	1.90(1.55)	2.90(1.84)	1.40(1.38)
T4	Diclosulam 84% WDG @ 25g a.i./ha (PE) *fb* intercultivo a 20-25 DAS	1.10(1.26)	1.30(1.34)	0.70(1.10)	1.60(1.45)
T5	Diclosulam 84% WDG @ 20g a.i./ha (PE) *fb* Quizalofop-p-ethyl 5% EC 50g a.i./ha (POE) a 18-20DAS	1.30(1.34)	1.10(11.6)	1.40(1.38)	1.20(1.30)
T6	Diclosulam 84% WDG @ 25g a.i./ha (PE) *fb* Quizalofop-p-ethyl 5% EC 50g a.i./ha (POE) a 18-20DAS	1.40(1.38)	1.20(1.30)	0.90(1.18)	1.00(1.22)
T7	Pendimetalina 30% EC @ 1kg. a.i./ha (PE) *fb* Quizalofop-p-ethyl 5% EC 50g a.i./ha (POE) a 18-20DAS	1.10(1.26)	1.00(1.22)	1.10(1.26)	1.60(1.45)
T8	Pendimetalina 30% CE @ 1kg. a.i./ha (PE)+ Imazethapyr 2% CE (Readymix) +Monda manual a 20-25 DAS	1.10(1.26)	1.10(1.26)	2.10(1.61)	2.10(1.61)
T9	Pendimetalina 30% CE a 1kg. a.i./ha (PE)+ Imazethapyr 2% CE (Readymix) *fb* Quizalofop-p-ethyl a 18-20DAS	1.40(1.38)	1.50(1.41)	1.50(1.41)	2.10(1.61)
T10	Monda manual duas vezes a 20 e 40 DAS	1.30(1.34)	2.60(1.76)	1.60(1.45)	2.30(1.67)
T11	Controlo de infestantes	5.20(2.39)	5.60(2.47)	4.70(2.28)	4.30(2.19)

T12	Sem ervas daninhas	0.30(0.89)	0.30(0.89)	0.40(0.95)	0.40(0.95)
SeM	(+	0.07	0.08	0.07	0.07
CD (P=0,05)		0.20	0.22	0.20	0.21

Os valores entre parêntesis estão sujeitos à transformação $\sqrt{x+0.5}$.

Quadro 4.1.4 Densidade de infestantes de folha larga afetada por diferentes práticas de gestão de infestantes em diferentes fases da cultura

	Tratamentos	**30 DAS**	**60 DAS**	**90 DAS**	**Na colheita**
T1	Diclosulam 84% WDG @ 20g a.i./ha (PE)	4.40(2.21)	_3.10(3.69)	17.47(4.24)	15.38(3.98)
T2	Diclosulam 84% WDG @ 25g a.i./ha (PE)	4.80(2.30)	_0.70(3.35)	14.50(3.87)	13.30(3.71)
T3	Diclosulam 84% WDG @ 20g a.i./ha (PE) *fb* intercultivo a 20-25 DAS	1.50(1.41)	2.80(1.82)	4.40(2.21)	6.10(2.57)
T4	Diclosulam 84% WDG @ 25g a.i./ha (PE) *fb* intercultivo a 20-25 DAS	1.31(1.35)	2.00(1.58)	4.10(2.14)	3.60(2.02)
T5	Diclosulam 84% WDG @ 20g a.i./ha (PE) *fb* Quizalofop-p-ethyl 5% EC 50g a.i./ha (POE) a 18-20DAS	1.10(1.26)	2.30(1.67)	4.50(2.24)	5.70(2.49)
T6	Diclosulam 84% WDG @ 25g a.i./ha (PE) *fb* Quizalofop-p-ethyl 5% EC 50g a.i./ha (POE) a 18-20DAS	1.40(1.38)	2.10(1.61)	4.30(2.19)	3.80(2.07)
T7	Pendimetalina 30% EC @ 1kg. a.i./ha (PE) *fb* Quizalofop-p-ethyl 5% EC 50g a.i./ha (POE) a 18-20DAS	2.10(1.61)	4.30(2.19)	7.00(2.74)	6.40(2.63)
T8	Pendimetalina 30% CE @ 1kg. a.i./ha (PE)+ Imazethapyr 2% CE (Readymix) +Monda manual a 20-25 DAS	1.00(1.22)	1.30(1.34)	2.80(1.82)	2.10(1.61)
T9	Pendimetalina 30% CE a 1kg. a.i./ha (PE)+ Imazethapyr 2% CE (Readymix) *fb* Quizalofop- p-ethyl a 18-20DAS	1.90(1.55)	2.30(1.67)	5.80(2.51)	4.00(2.12)
T10	Monda manual duas vezes aos 20 e 40 DAS	1.00(1.22)	0.90(1.18)	3.10(1.90)	3.00(1.87)
T11	Controlo de infestantes	7.20(2.77)	16.8(4.16)	19.80(4.51)	18.10(4.31)
T12	Sem ervas daninhas	0.5(1.00)	1.00(1.22)	1.10(1.26)	1.00(1.22)
SeM	(+)	0.08	0.18	0.26	0.23(0.80)
CD (P=0,05)		0.24	0.54	0.75	0.69(0.94)

Os valores entre parêntesis estão sujeitos à transformação $\sqrt{x+0.5}$

4.1.3 Peso seco das infestantes

4.1.3.1 Gramíneas

O peso seco das gramíneas foi apresentado no quadro 4.1.5 em diferentes fases de crescimento da cultura. O peso seco das gramíneas aumentou gradualmente desde a fase inicial até à colheita da cultura. Entre os tratamentos herbicidas, a aplicação de Diclosulam 84% WDG @ 20g a.i./ha (PE) *fb* intercultivo aos 20-25 DAS (T3) registou o menor peso seco de ervas daninhas (6.14, 8.48 g/m^2) aos 90 DAS e na colheita. O maior peso seco de ervas daninhas foi obtido no controlo de ervas daninhas (T12).

4.1.3.2 Sedimentos

A Tabela 4.1.6 apresenta o peso seco dos juncos em diferentes estágios de crescimento da cultura. Entre os tratamentos herbicidas, a aplicação de Diclosulam 84% WDG @ 25g a.i./ha (PE) *fb* intercultivo aos 20-25 DAS (T4) incorreu no menor peso seco de juncos (0,8g/m^2) aos 90 DAS.

4.1.3.3 Infestantes de folha larga

A Tabela 4.1.7 apresenta o peso seco das ervas daninhas de folhas largas em diferentes estágios de crescimento da cultura. A aplicação de Diclosulam 84% WDG @ 25g a.i./ha (PE) *fb* intercultivo a 20-25 DAS (T4) registou o menor peso seco de ervas daninhas de folha larga (1.10, 3.20, 7.40, 10.77 g/m^2) em todas as fases de crescimento da cultura entre os diferentes tratamentos herbicidas, onde o controlo de ervas daninhas (T11) registou o maior peso seco de folhas largas (15.30, 15.66, 52.35, 56.00g/m^2). **4.1.3.4 Peso seco total das ervas daninhas**

O peso seco total das ervas daninhas é apresentado no quadro 4.1.8 em diferentes fases de crescimento da cultura. Aumenta gradualmente desde a fase inicial até à colheita da cultura. Entre os diferentes tratamentos herbicidas, o Diclosulam 84% WDG @ 25g a.i./ha (PE) *fb* intercultivado a 20-25 DAS (T4) registou o menor peso seco total de ervas daninhas (3.83, 7.72, 14.38, 22.09 g/m^2) e o controlo de ervas daninhas registou o maior peso seco total (59.87, 78.76, 118.39, 128.79 g/m^2) de 30 DAS até à colheita da cultura.

4.1.3.5 Controlo de ervas daninhas Eficiência

Entre os tratamentos, a eficiência máxima de controlo de ervas daninhas (98.0, 95.7, 96.3, 92.1%) é alcançada pelo controlo de ervas daninhas (T12) seguido de mondas manuais duas vezes aos 20 e 40 DAS (T10).Entre os tratamentos herbicidas, o Diclosulam 84% WDG @ 25g a.i./ha (PE) *fb* Intercultivation aos 20-25 DAS (T4) mostrou a maior eficiência de controlo de ervas daninhas (93,7, 90,2, 87,9, 82,9%) seguido pelo Diclosulam 84% WDG @ 20g a.i./ha (PE) *fb* Intercultivation aos 2025 DAS (T3).

Quadro 4.1.5 Efeito de diferentes práticas de gestão de infestantes no peso seco das infestantes gramíneas em diferentes fases da cultura

Tratamentos		30 DAS	60 DAS	90 DAS	Na colheita
T1	Diclosulam 84% WDG @ 20g a.i./ha (PE)	13.43	15.38	36.23	38.57
T2	Diclosulam 84% WDG @ 25g a.i./ha (PE)	12.77	12.35	34.73	37.07
T3	Diclosulam 84% WDG @ 20g a.i./ha (PE) *fb* intercultivo a 20-25 DAS	1.70	3.56	6.14	8.48
T4	Diclosulam 84% WDG @ 25g a.i./ha (PE) *fb* intercultivo a 20-25 DAS	2.00	4.39	6.18	8.52
T5	Diclosulam 84% WDG @ 20g a.i./ha (PE) *fb* Quizalofop-p-ethyl 5% EC 50g a.i./ha (POE) a 18-20DAS	3.07	4.93	8.45	10.79
T6	Diclosulam 84% WDG @ 25g a.i./ha (PE) *fb* Quizalofop-p-ethyl 5% EC 50g a.i./ha (POE) a 18-20DAS	1.37	3.28	6.85	9.19
T7	Pendimetalina 30% EC a 1kg. a.i./ha (PE)*fb* Quizalofop-p-ethyl 5% EC 50g a.i./ha (POE)a 18-20DAS	4.43	6.84	13.36	15.70
T8	Pendimetalina 30% CE @ 1kg. a.i./ha (PE)+ Imazethapyr 2% CE (Readymix) +Monda manual a 20-25 DAS	6.33	8.29	15.40	17.74
T9	Pendimetalina 30% CE a 1kg. a.i./ha (PE)+ Imazethapyr 2% CE (Readymix) *fb* Quizalofop-p-ethyl a 18-20DAS	7.20	9.12	10.97	13.31
T10	Monda manual duas vezes a 20 e 40 DAS	1.23	3.43	5.13	7.47
T11	Controlo de infestantes	38.67	41.77	54.70	57.04
T12	Sem ervas daninhas	0.43	1.83	1.63	3.97
SeM (+)		0.25	0.28	0.52	
CD (P=0,05)		0.72	0.83	1.53	

Quadro 4.1.6 Efeito de diferentes práticas de gestão de infestantes no peso seco de juncos em diferentes fases da cultura

Tratamentos		30 DAS	60 DAS	90 DAS	Na colheita
T1	Diclosulam 84% WDG @ 20g a.i./ha (PE)	2.60	4.56	22.43	20.64
T2	Diclosulam 84% WDG @ 25g a.i./ha (PE)	1.00	1.55	9.29	9.35
T3	Diclosulam 84% WDG @ 20g a.i./ha (PE) *fb* intercultivo a 20-25 DAS	0.90	0.83	2.25	2.48

T4	Diclosulam 84% WDG @ 25g a.i./ha (PE) *fb* intercultivo a 20-25 DAS	1.40	2.35	0.8	2.8
T5	Diclosulam 84% WDG @ 20g a.i./ha (PE) *fb* Quizalofop-p-ethyl 5% EC 50g a.i./ha (POE) às 18- 20DAS	1.40	3.08	1.45	1.15
T6	Diclosulam 84% WDG @ 25g a.i./ha (PE) *fb* Quizalofop-p- ethyl 5% EC 50g a.i./ha (POE) a 18-20DAS	1.13	2.83	3.26	2.55
T7	Pendimetalina 30% EC @ 1kg. a.i./ha (PE) *fb* Quizalofop-p-ethyl 5% EC 50g a.i./ha (POE)às 18- 20DAS	1.23	7.51	10.66	8.38
T8	Pendimetalina 30% CE @ 1kg. a.i./ha (PE)+ Imazethapyr 2% CE (Readymix) +Monda manual a 20-25 DAS	1.27	10.45	13.61	12.51
T9	Pendimetalina 30% CE a 1kg. a.i./ha (PE)+ Imazethapyr 2% CE (Readymix) *fb* Quizalofop-p- ethyl a 18-20DAS	3.30	5.71	2.4	1.76
T10	Monda manual duas vezes a 20 e 40 DAS	1.30	0.64	4.85	4.28
T11	Controlo de infestantes	5.90	21.33	11.33	15.75
T12	Sem ervas daninhas	0.27	0.42	0.67	1.18
SeM (+)		0.07	0.20	0.2	0.25
CD (P=0,05)		0.20	0.59	0.59	0.73

Quadro 4.1.7 Efeito de diferentes práticas de gestão de infestantes no peso seco de infestantes de folha larga em diferentes fases da cultura

Tratamentos		30 DAS	60 DAS	90 DAS	Na colheita
T1	Diclosulam 84% WDG @ 20g a.i./ha (PE)	7.17	9.34	29.14	31.60
T2	Diclosulam 84% WDG @ 25g a.i./ha (PE)	5.27	7.67	26.88	30.09
T3	Diclosulam 84% WDG @ 20g a.i./ha (PE) *fb* intercultivo a 20-25 DAS	1.23	3.34	7.70	11.42
T4	Diclosulam 84% WDG @ 25g a.i./ha (PE) *fb* intercultivo a 20-25 DAS	1.10	3.20	7.40	10.77
T5	Diclosulam 84% WDG @ 20g a.i./ha (PE) *fb* Quizalofop-p-ethyl 5% EC 50g a.i./ha (POE) a 18-20DAS	5.33	7.60	10.57	13.77
T6	Diclosulam 84% WDG @ 25g a.i./ha (PE) *fb* Quizalofop-p-ethyl 5% EC 50g a.i./ha (POE) a 18-20DAS	3.40	5.50	8.30	11.47
T7	Pendimetalina 30% EC @ 1kg. a.i./ha (PE) *fb* Quizalofop-p-ethyl 5% EC 50g a.i./ha (POE) a 18-20DAS	10.10	12.29	14.87	17.97
T8	Pendimetalina 30% CE @ 1kg. a.i./ha (PE)+ Imazethapyr 2% CE (Readymix) +Monda manual a 20-25 DAS	3.80	5.80	13.88	17.03
T9	Pendimetalina 30% CE a 1kg. a.i./ha (PE)+ Imazethapyr 2% CE (Readymix) *fb* Quizalofop-p-ethyl a 18-20DAS	4.53	5.69	13.34	17.03
T10	Monda manual duas vezes aos 20 e 40 DAS	1.37	1.87	3.18	6.66
T11	Controlo de infestantes	15.30	15.66	52.35	56.00
T12	Sem ervas daninhas	0.47	1.33	2.10	4.97
SeM (+)		0.16	0.25	0.43	0.48
CD (P=0,05)		0.45	0.74	1.27	1.40

Quadro 4.1.8 Efeito de diferentes práticas de gestão de infestantes no peso seco total das infestantes em diferentes fases da cultura

	Tratamentos	30 DAS	60 DAS	90 DAS	Na colheita
T1	Diclosulam 84% WDG @ 20g a.i./ha (PE)	23.20	29.28	87.80	90.81
T2	Diclosulam 84% WDG @ 25g a.i./ha (PE)	19.03	21.56	70.90	76.51
T3	Diclosulam 84% WDG @ 20g a.i./ha (PE) *fb* Intercultivo a 20-25 DAS	4.50	9.94	16.09	22.38
T4	Diclosulam 84% WDG @ 25g a.i./ha (PE) *fb* Intercultivo a 20-25 DAS	3.83	7.72	14.38	22.09
T5	Diclosulam 84% WDG @ 20g a.i./ha (PE) *fb* Quizalofop-p- ethyl 5% EC 50g a.i./ha (POE) a 18-20DAS	9.80	15.61	20.48	25.71
T6	Diclosulam 84% WDG @ 25g a.i./ha (PE) *fb* Quizalofop-p- ethyl 5% EC 50g a.i./ha (POE) a 18-20DAS	5.90	11.61	18.41	23.21
T7	Pendimetalina 30% EC @ 1kg. a.i./ha (PE) *fb* Quizalofop-p- ethyl 5% EC 50g a.i./ha (POE)a 18-20DAS	15.77	26.64	38.90	42.06
T8	Pendimetalina 30% CE @ 1kg. a.i./ha (PE)+ Imazethapyr 2% CE (Readymix) +Monda manual a 20-25 DAS	11.40	24.54	42.88	47.28
T9	Pendimetalina 30% EC @ 1kg. a.i./ha (PE)+ Imazethapyr 2% EC (Readymix) *fb* Quizalofop-p- ethyl a 18-20DAS	15.03	20.53	26.71	32.09
T10	Monda manual duas vezes aos 20 e 40 DAS	3.90	5.94	13.20	18.41
T11	Controlo de infestantes	59.87	78.76	118.39	128.79
T12	Sem ervas daninhas	1.20	3.42	4.40	10.12
SeM (+)		0.27	0.43	0.50	0.66
CD (P= 0.05)		0.79	1.25	1.46	1.92

Quadro 4.1.9 Eficiência do controlo de infestantes influenciada por diferentes práticas de gestão de infestantes em diferentes fases da cultura

	Tratamentos	30 DAS	60 DAS	90 DAS	Na colheita
T1	Diclosulam 84% WDG @ 20g a.i./ha (PE)	61.3	62.8	25.8	29.5
T2	Diclosulam 84% WDG @ 25g a.i./ha (PE)	68.2	72.6	40.1	40.6
T3	Diclosulam 84% WDG @ 20g a.i./ha (PE) *fb* intercultivo a 20-25 DAS	92.5	87.6	86.4	82.6
T4	Diclosulam 84% WDG @ 25g a.i./ha (PE) *fb* intercultivo a 20-25 DAS	93.7	90.2	87.9	82.9

T5	Diclosulam 84% WDG @ 20g a.i./ha (PE) *fb* Quizalofop-p-ethyl 5% EC 50g a.i./ha (POE) às 18-20DAS	83.6	80.2	82.7	80.0
T6	Diclosulam 84% WDG @ 25g a.i./ha (PE) *fb* Quizalofop-p-ethyl 5% EC 50g a.i./ha (POE) às 18-20DAS	90.2	85.3	84.5	82.0
T7	Pendimetalina 30% EC @ 1kg. a.i./ha (PE) *fb* Quizalofop-p-ethyl 5% EC 50g a.i./ha (POE)às 18-20DAS	73.7	66.2	67.1	67.3
T8	Pendimethalin 30% EC @ 1kg. a.i./ha (PE)+ Imazethapyr 2% EC (Readymix) +Monda manual a 20-25 DAS	81.0	68.9	63.8	63.3
T9	Pendimetalina 30% CE a 1kg. a.i./ha (PE)+ Imazethapyr 2% CE (Readymix) *fb* Quizalofop-p- ethyl a 18-20DAS	74.9	74.0	77.4	75.1
T10	Monda manual duas vezes aos 20 e 40 DAS	93.5	90.6	88.3	83.2
T11	Controlo de infestantes	0.1	0.0	0.0	0.0
T12	Sem ervas daninhas	98.0	95.7	96.3	92.1

4.2 Estudos de culturas

4.2.1 Altura da planta

A altura da planta registada em diferentes fases do crescimento da cultura é apresentada no quadro 4.2.1. Ela aumentou gradualmente desde o estágio inicial até a colheita da cultura. Entre os tratamentos herbicidas, o Diclosulam 84% WDG @ 25g a.i./ha (PE) *fb* intercultivo a 20-25 DAS (T4) registou a maior altura de planta (32.3 e 35.5 cm) aos 90 DAS e na colheita seguido por Diclosulam 84% WDG @ 20g a.i./ha (PE) *fb* intercultivo *aos* 20-25 DAS (T3) i.e. 31.4 e 33.7 cm respetivamente, o que está a par com mondas manuais duas vezes aos 20 e 40 DAS (T10).

4.2.2 Número de ramos por planta

O número total de ramos por planta foi registado em diferentes fases do crescimento da cultura e é apresentado no quadro 4.2.2. Entre os diferentes tratamentos herbicidas, a aplicação de Diclosulam 84% WDG @ 25g a.i./ha (PE) *fb* intercultivo em 20-25 DAS (T_4) e controle livre de ervas daninhas (T12) registrou o número máximo de ramos por planta (5.3) na colheita, que é igual ao Diclosulam 84% WDG @ 20g a.i./ha (PE) *fb* Intercultivo em 20-25 DAS (T3), Diclosulam 84% WDG @ 25g a.i./ha (PE) (T2) e Diclosulam 84% WDG @ 20g a.i./ha (PE) *fb* Quizalofop-p-ethyl 5% EC 50g a.i./ha (POE) em 18-20DAS (T5).

4.2.3 Número de folhas por planta

O número de folhas por planta foi registado em diferentes fases do crescimento da cultura e foi apresentado no quadro 4.2.3. Entre os tratamentos, a aplicação de Diclosulam 84% WDG @ 25g a.i./ha (PE) *fb* intercultivo a 20-25 DAS (T4) registou o número máximo de folhas por planta (30.1, 56.9, 59.1, 38.1) em todos os estágios de crescimento da cultura, o que está a par com Diclosulam 84% WDG @ 20g a.i./ha (PE) *fb* intercultivo a 20-25 DAS (T3) e tratamento livre de ervas daninhas (T12) a 60 DAS , 90 DAS e na colheita.

4.2.4 Produção de matéria seca por planta

A produção de matéria seca da planta foi registada em diferentes fases do crescimento da cultura e apresentada no quadro 4.2.4. Os resultados revelaram que a produção de matéria seca / planta aumenta gradualmente a partir do estágio 30 DAS até a colheita da cultura. Entre os tratamentos, Diclosulam 84% WDG @ 25g a.i./ha (PE) *fb* intercultivo a 20-25 DAS (T_4) registou a maior acumulação de matéria seca por planta (3.93, 13.39, 20.14, 19.33 g/planta na colheita) em todas as fases de crescimento da cultura i.e a par com o Diclosulam 84% WDG @ 20g a.i./ha (PE) *fb* intercultivo aos 20-25 DAS (T_3), capina manual duas vezes aos 20 e 40 DAS (T_{10}) e controlo sem ervas daninhas (T_{12}) aos 60 DAS, 90 DAS e na colheita. O controlo com infestantes registou a produção de matéria seca mais baixa (1,41, 4,44, 5,52 e 5,89 g/planta em todas as fases de crescimento da cultura).

4.2.5 Índice de área foliar

A tabela 4.2.5 apresenta o índice de área foliar em diferentes estágios de crescimento da cultura. O índice de área foliar aumentou de 30 DAS de crescimento da cultura para 90 DAS e depois disso diminuiu na colheita. O índice de área foliar mais elevado (3,76) foi registado aos 90 DAS no controlo sem ervas daninhas (T_{12}), seguido da aplicação de Diclosulam 84% WDG @ 25g a.i./ha (PE) *fb* intercultivo aos 20-25 DAS (T_4).

Quadro 4.2.1 Altura da planta (cm) de amendoim influenciada por diferentes práticas de gestão de infestantes

	Tratamentos	30 DAS	60 DAS	90 DAS	Na colheita
T1	Diclosulam 84% WDG @ 20g a.i./ha (PE)	9.3	21.5	26.1	27.4
T2	Diclosulam 84% WDG @ 25g a.i./ha (PE)	9.5	23.6	26.7	27.1
T3	Diclosulam 84% WDG @ 20g a.i./ha (PE) *fb* intercultivo a 20-25 DAS	14.1	20.6	31.4	33.7
T4	Diclosulam 84% WDG @ 25g a.i./ha (PE) *fb* intercultivo a 20-25 DAS	13.3	19.2	32.3	35.5
T5	Diclosulam 84% WDG @ 20g a.i./ha (PE) *fb* Quizalofop-p-ethyl 5% EC 50g a.i./ha (POE) às 18- 20DAS	11.9	18.3	29.0	31.5
T6	Diclosulam 84% WDG @ 25g a.i./ha (PE) *fb* Quizalofop-p-ethyl 5% EC 50g a.i./ha (POE) às 18- 20DAS	12.7	19.2	28.8	30.6
T7	Pendimetalina 30% EC @ 1kg. a.i./ha (PE) *fb* Quizalofop-p-ethyl 5% EC 50g a.i./ha (POE)às 18- 20DAS	10.6	17.8	28.5	30.1
T8	Pendimetalina 30% CE @ 1kg. a.i./ha (PE)+ Imazethapyr 2% CE (Readymix) +Monda manual a 20-25 DAS	11.9	20.5	29.4	32.7
T9	Pendimetalina 30% CE a 1kg. a.i./ha (PE)+ Imazethapyr 2% CE (Readymix) *fb* Quizalofop-p-ethyl a 18-20DAS	11.3	17.3	29.7	31.2
T10	Monda manual duas vezes aos 20 e 40 DAS	9.3	22.4	31.2	33.0
T11	Controlo de infestantes	6.5	20.7	25.4	29.1
T12	Sem ervas daninhas	12.4	26.6	33.3	36.8
SeM	(+)	0.44	0.57	0.7	0.90
CD (P=0,05)		1.28	1.67	2.1	2.64

Quadro 4.2.2 Número de ramos por planta de amendoim influenciado por diferentes práticas de gestão de infestantes em várias fases da cultura

	Tratamentos	30 DAS	60 DAS	90 DAS	Na colheita
T1	Diclosulam 84% WDG @ 20g a.i./ha (PE)	3.0	3.8	4.0	4.1
T2	Diclosulam 84% WDG @ 25g a.i./ha (PE)	3.5	4.5	4.6	4.9
T3	Diclosulam 84% WDG @ 20g a.i./ha (PE) *fb* intercultivo a 20-25 DAS	4.3	4.6	4.9	5.2
T4	Diclosulam 84% WDG @ 25g a.i./ha (PE) *fb* intercultivo a 20-25 DAS	4.0	4.6	4.8	5.3
T5	Diclosulam 84% WDG @ 20g a.i./ha (PE) *fb* Quizalofop-p-ethyl 5% EC 50g a.i./ha (POE) às 18- 20DAS	3.4	4.1	4.5	5.1
T6	Diclosulam 84% WDG @ 25g a.i./ha (PE) *fb* Quizalofop-p-ethyl 5% EC 50g a.i./ha (POE) às 18- 20DAS	3.7	3.9	4.2	4.4
T7	Pendimetalina 30% EC @ 1kg. a.i./ha (PE) *fb* Quizalofop-p-ethyl 5% EC 50g a.i./ha (POE)às 18- 20DAS	3.3	3.9	4.1	4.3
T8	Pendimetalina 30% CE @ 1kg. a.i./ha (PE)+ Imazethapyr 2% CE (Readymix) +Monda manual a 20-25 DAS	3.2	3.8	4.2	4.2
T9	Pendimetalina 30% CE a 1kg. a.i./ha (PE)+ Imazethapyr 2% CE (Readymix) *fb* Quizalofop-p-ethyl a 18-20DAS	3.5	3.8	4.0	4.3
T10	Monda manual duas vezes aos 20 e 40 DAS	3.5	4.0	4.7	5.2
T11	Controlo de infestantes	2.3	2.9	3.4	3.5
T12	Sem ervas daninhas	4.0	4.8	5.1	5.3
SeM	**K+)**	0.13	0.13	0.29	0.17
CD (P=0,05)		0.37	0.37	0.84	0.49

Quadro 4.2.3 Número de folhas por planta de amendoim influenciado por diferentes práticas de gestão de infestantes em várias fases da cultura

	Tratamentos	30 DAS	60 DAS	90 DAS	Na colheita
T1	Diclosulam 84% WDG @ 20g a.i./ha (PE)	29.0	35.2	38.3	22.3
T2	Diclosulam 84% WDG @ 25g a.i./ha (PE)	25.8	33.9	37.1	23.1
T3	Diclosulam 84% WDG @ 20g a.i./ha (PE) *fb* intercultivo a 20-25 DAS	21.9	55.2	57.8	36.2
T4	Diclosulam 84% WDG @ 25g a.i./ha (PE) *fb* intercultivo a 20-25 DAS	30.1	56.9	59.1	38.1
T5	Diclosulam 84% WDG @ 20g a.i./ha (PE)*fb* Quizalofop-p-ethyl 5% EC 50g a.i./ha (POE) a 18- 20DAS	24.2	45.2	48.6	33.1
T6	Diclosulam 84% WDG @ 25g a.i./ha (PE)*fb* Quizalofop-p-ethyl 5% EC	24.5	42.0	48.4	35.6

	50g a.i./ha (POE) a 18- 20DAS				
T7	Pendimetalina 30% EC @ 1kg. a.i./ha (PE)*fb* Quizalofop-p-ethyl 5% EC 50g a.i./ha (POE)às 18- 20DAS	28.8	43.7	48.3	32.7
T8	Pendimetalina 30% CE @ 1kg. a.i./ha (PE)+ Imazethapyr 2% CE (Readymix) +Monda manual a 20-25 DAS	27.0	42.1	46.9	28.9
T9	Pendimetalina 30% CE a 1kg. a.i./ha (PE)+ Imazethapyr 2% CE (Readymix) *fb* Quizalofop-p-ethyl a 18-20DAS	16.5	38.7	41.7	20.4
T10	Monda manual duas vezes aos 20 e 40 DAS	28.1	46.9	48.2	22.8
T11	Controlo de infestantes	23.8	33.1	35.2	20.1
T12	Sem ervas daninhas	24.9	54.3	57.5	35.7
SeM	(+)	0.84	1.24	3.10	1.12
CD (P=0,05)		2.45	3.62	9.05	3.28

Quadro 4.2.4 Acumulação de matéria seca das plantas (g/planta) influenciada por diferentes práticas de gestão de infestantes em várias fases da cultura

Tratamentos		**30 DAS**	**60 DAS**	**90 DAS**	**Na colheita**
T1	Diclosulam 84% WDG @ 20g a.i./ha (PE)	3.47	6.55	8.71	8.27
T2	Diclosulam 84% WDG @ 25g a.i./ha (PE)	3.28	7.32	9.62	9.23
T3	Diclosulam 84% WDG @ 20g a.i./ha (PE)*fb* intercultivo a 2025 DAS	3.24	13.20	19.27	18.68
T4	Diclosulam 84% WDG @ 25g a.i./ha (PE) *fb* intercultivo a 20-25 DAS	3.93	13.39	20.14	19.33
T5	Diclosulam 84% WDG @ 20g a.i./ha (PE) *fb* Quizalofop-p-ethyl 5% EC 50g a.i./ha (POE) às 18- 20DAS	3.21	10.74	15.74	15.40
T6	Diclosulam 84% WDG @ 25g a.i./ha (PE) *fb* Quizalofop-p-ethyl 5% EC 50g a.i./ha (POE) às 18- 20DAS	3.27	12.56	17.10	16.33
T7	Pendimetalina 30% EC @ 1kg. a.i./ha (PE) *fb* Quizalofop-p-ethyl 5% EC 50g a.i./ha (POE)às 18- 20DAS	2.99	9.03	16.11	15.16
T8	Pendimethalin 30% EC @ 1kg. a.i./ha (PE)+ Imazethapyr 2% EC (Readymix) +Monda manual a 20-25 DAS	2.82	13.22	16.71	16.10
T9	Pendimetalina 30% CE a 1kg. a.i./ha (PE)+ Imazethapyr 2% CE (Readymix) *fb* Quizalofop-p-ethyl a 18-20DAS	3.10	10.57	15.01	13.55
T10	Monda manual duas vezes a 20 e 40 DAS	2.55	10.54	19.21	18.31
T11	Controlo de infestantes	1.41	4.44	5.52	5.89
T12	Sem ervas daninhas	2.96	14.38	20.25	19.14
SeM (+)		0.11	0.37	0.60	0.50

CD (P=0,05)	0.33	1.07	1.76	1.47

Tabela 4.2.5 Índice de área foliar (IAF) influenciado por diferentes práticas de gestão de infestantes em várias fases da cultura

	Tratamentos	30 DAS	60 DAS	90 DAS	Na colheita
T1	Diclosulam 84% WDG @ 20g a.i./ha (PE)	0.63	2.15	2.54	2.18
T2	Diclosulam 84% WDG @ 25g a.i./ha (PE)	0.67	2.42	2.61	2.23
T3	Diclosulam 84% WDG @ 20g a.i./ha (PE) *fb* intercultivo a 20-25 DAS	0.74	3.32	3.47	2.80
T4	Diclosulam 84% WDG @ 25g a.i./ha (PE) *fb* intercultivo a 20-25 DAS	0.65	3.41	3.50	2.87
T5	Diclosulam 84% WDG @ 20g a.i./ha (PE) *fb* Quizalofop-p-ethyl 5% EC 50g a.i./ha (POE) às 18- 20DAS	0.65	3.29	3.39	2.71
T6	Diclosulam 84% WDG @ 25g a.i./ha (PE) *fb* Quizalofop-p-ethyl 5% EC 50g a.i./ha (POE) às 18- 20DAS	0.54	3.33	3.42	2.72
T7	Pendimetalina 30% EC @ 1kg. a.i./ha (PE) *fb* Quizalofop-p-ethyl 5% EC 50g a.i./ha (POE)às 18- 20DAS	0.66	2.31	3.11	2.70
T8	Pendimetalina 30% CE @ 1kg. a.i./ha (PE)+ Imazethapyr 2% CE (Readymix) +Monda manual a 20-25 DAS	0.76	3.40	3.47	2.76
T9	Pendimetalina 30% CE a 1kg. a.i./ha (PE)+ Imazethapyr 2% CE (Readymix) *fb* Quizalofop-p-ethyl a 18-20DAS	0.73	3.35	3.40	2.73
T10	Monda manual duas vezes a 20 e 40 DAS	0.68	3.43	3.49	3.01
T11	Controlo de infestantes	0.37	1.44	2.55	2.18
T12	Sem ervas daninhas	0.87	3.39	3.76	3.01
SeM (+)		0.03	0.11	0.12	0.10
CD (P=0,05)		0.09	0.32	0.35	0.29

4.2.6 Rendimento e atributos do rendimento

4.2.6.1 Peso de cem grãos

O peso máximo de cem grãos foi registado em Pendimethalin 30% EC @ 1kg. a.i./ha (PE)+ Imazethapyr 2% EC (Readymix) + Qui a 18-20DAS (T9) (35.7kg/ha)) e o valor mais baixo registado em Diclosulam 84% WDG @ 20g a.i./ha (PE) *fb* Intercultivation a 20-25 DAS (T3) i.e 34.2kg/ha.

4.2.6.2 Número de vagens cheias por planta

Entre os tratamentos herbicidas, o maior número de vagens por planta (18,5) foi observado na aplicação de Diclosulam 84% WDG @ 25g a.i./ha (PE) *fb* Intercultivo em 20-25 DAS (T4) e o menor valor (6,1) foi observado no controle de ervas daninhas (T11).

4.2.6.3 Número de vagens não preenchidas por planta

O menor número de vagens não preenchidas por planta (2) foi observado no tratamento sem ervas daninhas (T12) e o número máximo de vagens (4,3) foi observado no controle de ervas daninhas (T11). Entre os tratamentos herbicidas, a aplicação de Diclosulam 84% WDG @ 25g a.i./ha (PE) *fb* Intercultivo a 20-25 DAS (T4) registou um número mínimo de vagens não preenchidas por planta (2.1).

4.2.6.4 Número total de vagens por planta

Entre os tratamentos herbicidas, a aplicação de Diclosulam 84% WDG @ 25g a.i./ha (PE) *fb* Intercultivo aos 20-25 DAS (T4) registou o número máximo de vagens totais por planta (20,6) e o valor mais baixo foi registado no controlo de ervas daninhas (T11).

4.2.6.5 Rendimento de vagens e rendimento de folhagem

A maior produção de vagens (2290 kg/ha) foi observada no controlo sem ervas daninhas (T12) *fb* Diclosulam 84% WDG @ 25g a.i./ha (PE) *fb* Intercultivo a 20-25 DAS (T4) e a maior produção de haulm (4340 kg/ha) foi registada com Diclosulam 84% WDG @ 20g a. i./ha (PE) *fb* Quizalofop-p-ethyl 5% EC 50g a.i./ha (POE) a 18-20DAS (T5).O rendimento mais baixo de vagens e de caules (66,38 e 89,48 kg/ha) foi registado no controlo de ervas daninhas (T11).

4.2.6.6 Índice de colheita

O índice máximo de colheita (34,9%) foi registrado em condições livres de ervas daninhas (T12) e Pendimethalin 30% EC @ 1kg. a.i./ha (PE) + Imazethapyr 2% EC (Readymix) + Qui em 18-20DAS (T9), ou seja, seguido de perto por Diclosulam 84% WDG @ 20g a.O índice mais baixo de ervas daninhas foi registado no tratamento sem ervas daninhas (T11), ou seja, 31,5%.

4.2.6.7 Percentagem de descasque

A maior percentagem de descasque (74.3%) foi registada no controlo sem ervas daninhas (T12) que é *seguido por* Diclosulam 84% WDG @ 20g a.i./ha (PE) *fb* Quizalofop-p-ethyl 5% EC 50g a.i./ha (POE) a 18-20DAS (T5). A menor porcentagem de descascamento, ou seja, 71,7%, foi observada com Diclosulam 84% WDG @ 25g a.i./ha (PE) (T2).

4.2.6.8 Índice de infestantes

Entre os tratamentos herbicidas, o índice de ervas daninhas mais baixo foi registado com a aplicação de Diclosulam 84% WDG @ 25g a.i./ha (PE) *fb* Intercultivation a 20-25 DAS (T4) (0,7%), enquanto o controlo de ervas daninhas (T11) deu o índice de ervas daninhas mais alto (61,4%) entre todos os tratamentos.

4.3 Absorção de nutrientes pela cultura e pelas infestantes

A absorção total de nutrientes (kg/ha) pela cultura e pelas ervas daninhas é apresentada na tabela 4.3. Entre os tratamentos, o maior NPK/planta (187,1,9,2,19,0 kg/ha) foi absorvido no tratamento sem ervas daninhas (T12). Entre os tratamentos herbicidas, o Diclosulam 84% WDG @ 25g a.i./ha (PE) fb Intercultivo a 20-25 DAS (T4) registou a maior absorção de nitrogénio nas culturas, enquanto que o controlo de ervas daninhas (T11) registou a maior absorção de todos os três nutrientes pelas ervas daninhas.

4.4 Economia

A Tabela 4.4 apresenta a economia comparativa de vários tratamentos. Entre os tratamentos herbicidas, o Diclosulam 84% WDG @ 25g a.i./ha (PE) *fb* Quizalofop-p- ethyl 5% EC 50g a.i./ha (POE) a 18-20DAS (T6) registou os retornos líquidos (Rs. 71865/) e a relação custo-benefício (2,26), *seguido por* Diclosulam 84% WDG @ 20g a.i./ha (PE) *fb* Quizalofop-p-ethyl 5% EC 50g a.i./ha (POE) aos 18-20DAS (T5) (Rs. 69936 e 2,24).

Quadro 4.2.8 Rendimento e atributos de rendimento afectados por diferentes práticas de gestão de infestantes do amendoim

Tratamentos		Peso de cem grãos (g)	Potes cheios /planta	Vagens não preenchidas/planta	Total de vagens/planta	Produção de vagens (kg/ha)	Rendimento a granel (kg/ha)	Colheita índice(%)	Índice de infestantes (%)	Descasque (%)
T,	Diclosulam 84% WDG @ 20g a.i./ha (PE)	34.9	7.9	3	10.9	1267	2581	32.9	44.7	72.22

T_2	Diclosulam 84% WDG @ 25g a.i./ha (PE)	34.6	10.2	3.4	13.6	1303	2650	33.0	43.1	71.72
T_3	Diclosulam 84% WDG @ 20g a.i./ha (PE) fb Intercultivo a 20-25 DAS	34.2	17.4	2.3	19.7	2240	4241	34.6	2.2	73.02
T_4	Diclosulam 84% WDG @ 25g a.i./ha (PE) fb Intercultivo a 20-25 DAS	35.6	18.5	2.1	20.6	2273	4300	34.6	0.7	72.62
T_5	Diclosulam 84% WDG @ 20g a.i./ha (PE) fb Quizalofop-p-ethyl 5% EC 50g a.i./ha (POE) a I8-20DAS	35.6	16.4	3.5	19.9	2202	4340	33.7	3.8	73.72
T_6	Diclosulam 84% WDG @ 25g a.i./ha (PE) fb Quizalofop-p-ethyl 5% EC 50g a.i./ha (POE) a I8-20DAS	35.4	17.5	2.7	20.2	2242	4275	34.4	2.1	73.42
T_7	Pendimetalina 30% EC @ 1kg. a.i./ha (PE) fb Quizalofop-p-ethyl 5% EC 50g a.i./ha (POE) a 18-20DAS	35.2	16	3.3	19.3	2173	4205	34.1	5.1	73.32
T_8	Pendimethalin 30% EC @ 1kg. a.i./ha (PE)+ Imazethapyr 2% EC (Readymix) +Monda manual a 20-	35.4	16.4	3.6	20	2180	4157	34.4	4.8	73.62

	25 DAS									
T_9	Pendimetalina 30% CE a 1kg. a.i./ha (PE)+ Imazethapyr 2% CE (Readymix) *fb* Quizalofop-p-ethyl a 18-20DAS	35.7	16.3	3.1	19.4	2167	4046	34.9	5.4	73.82
Tio	Monda manual duas vezes aos 20 e 40 DAS	34.6	18.7	2.4	21.1	2284	4045	36.1	0.3	73.42
Tn	Controlo de infestantes	34.4	6.1	4.3	10.4	883	1922	31.5	61.4	74.32
T1 2	Sem ervas daninhas	35.6	19.3	2	21.3	2290	4266	34.9	-	71.82
SeM (+)		0.30	0.83	0.37	0.57	66.38	89.48	-	-	0.57
CD (P=0,05)		2.37	2.42	1.08	1.66	197.21	265.82	-	-	1.7

Quadro 4.3 Absorção total de nutrientes (kg/ha) pelas culturas e pelas infestantes, influenciada por diferentes maneio das infestantes práticas

Tratamentos		**Absorção total de nutrientes (kg/ha)**								
		Solo			**Culturas**			**Ervas daninhas**		
		N	**P**	**K**	**N**	**P**	**K**	**N**	**P**	**K**
T_1	Diclosulam 84% WDG @ 20g a.i./ha (PE)	276.0	39.1	125.4	83.21	17.55	31.30	22.4	9.2	18.4
T_2	Diclosulam 84% WDG @ 25g a.i./ha (PE)	351.2	33.7	91.8	85.10	10.80	26.80	19.3	7.4	16.3
T_3	Diclosulam 84% WDG @ 20g a.i./ha (PE) fb Intercultivo aos 20-25 DAS	351.2	39.5	78.4	173.22	13.40	37.05	11.2	4.6	10.3
T_4	Diclosulam 84% WDG @ 25g a.i./ha (PE) fb Intercultivo aos 20-25 DAS	426.5	39.1	71.7	179.40	10.35	22.85	10.1	3.5	8.2
T_5	Diclosulam 84% WDG @ 20g a.i./ha (PE) fb Quizalofop-p-ethyl 5% EC 50g a.i./ha (POE) às 18-20DAS	476.7	25.6	87.4	155.30	15.20	38.60	13.2	4.7	11
T_6	Diclosulam 84% WDG @ 25g a.i./ha (PE) fb Quizalofop-p-ethyl 5% EC 50g a.i./ha (POE) a I8-20DAS	452.3	32.3	123.2	158.10	14.10	36.65	12.4	4.1	10.4
T_7	Pendimetalina 30% EC @ 1kg. a.i./ha (PE) fb Quizalofop-p-ethyl 5% EC 50g a.i./ha (POE)a I8-20DAS	476.7	36.4	91.8	103.20	11.15	29.65	16.3	8.4	12.6

T_8	Pendimethalin 30% EC @ 1kg. a.i./ha (PE)+ Imazethapyr 2% EC (Readymix) +Monda manual a 20-25 DAS	351.2	35.0	94.1	167.40	9.05	42.10	14.1	5.7	12.2
T_9	Pendimetalina 30% CE a 1kg. a.i./ha (PE)+ Imazethapyr 2% CE (Readymix) ft> Quizalofop-p- ethyl a 18-20DAS	351.2	31.0	96.3	144.10	12.70	34.25	18.2	5.1	13.4
Tio	Monda manual duas vezes aos 20 e 40 DAS	388.9	38.6	49.3	182.10	16.20	37.70	5.4	2.3	7.3
Tn	Controlo de infestantes	351.2	34.6	103.0	52.20	14.90	41.60	31.2	14.1	19.2
T12	Sem ervas daninhas	401.4	25.6	76.2	187.10	9.20	19.00	2.3	0.9	2.5

Quadro 4.4 Economia comparativa de vários tratamentos de gestão de infestantes no amendoim

Tratamento		Custo geral da cultura (Rs/ha)	Custo do tratamento (Rs/ha)	Custo total da cultura (Rs/ha)	Rendimentos brutos (Rs/ha)	Rendimentos líquidos (Rs/ha)	Rácio B:C
T,	Diclosulam 84% WDG @ 20g a.i./ha (PE)	43590	11214	54804	72900	18096	1.33
T_2	Diclosulam 84% WDG @ 25g a.i./ha (PE)	43590	11440	55030	74967	19937	1.36
T_3	Diclosulam 84% WDG @ 20g a.i./ha (PE) fb Intercultivo a 20-25 DAS	43590	20544	64134	128561	64427	2.00
T_4	Diclosulam 84% WDG @ 25g a.i./ha (PE) fb Intercultivo aos 20-25 DAS	43590	20770	64360	130452	66092	2.03
T_5	Diclosulam 84% WDG @ 20g a.i./ha (PE) fb Quizalofop-p-ethyl 5% EC 50g a.i./ha (POE) a 18-20DAS	43590	13025	56615	126551	69936	2.24
T_6	Diclosulam 84% WDG @ 25g a.i./ha (PE) fb Quizalofop-p-ethyl 5% EC 50g a.i./ha (POE) a 18-20DAS	43590	13251	56841	128706	71865	2.26
T_7	Pendimetalina 30% CE @ 1kg. a.i./ha (PE) fb Quizalofop-p-ethyl 5% EC 50g a.i./ha (POE)a 18-20DAS	43590	14122	57712	124807	67095	2.16
T_8	Pendimetalina 30% CE @ 1kg. a.i./ha (PE)+ Imazethapyr 2% CE (Readymix) +Monda manual a 20-25 DAS	43590	21241	64831	125147	60316	1.93
T_9	Pendimetalina 30% CE a 1kg. a.i./ha (PE)+ Imazethapyr 2% CE (Readymix) ft> Quizalofop-p-ethyl a 18-	43590	13722	57312	124315	67003	2.17

	20DAS						
Tio	Monda manual duas vezes aos 20 e 40 DAS	43590	28660	72250	130807	58557	1.81
Tn	Controlo de infestantes	43590	0	43590	50929	7339	1.17
T12	Sem ervas daninhas	43590	29687	73277	131361	58084	1.79

Preço de venda da vagem: Rs.5050/q de produto, Preço de venda do lombo: Rs.l/kg de produto.

5 DISCUSSÃO

O amendoim é cultivado ao longo de todo o ano, tanto na estação *kharif, rabi* como no verão, sendo a maior parte das vezes cultivado como cultura de regadio no verão. Durante todo o período de cultivo, o amendoim é altamente suscetível à infestação de ervas daninhas devido ao seu crescimento lento nas fases iniciais, à baixa estatura da planta e ao hábito subterrâneo de produção de vagens. Ao contrário de outras culturas, as ervas daninhas interferem com o pegamento, o desenvolvimento das vagens e a colheita do amendoim durante as diferentes fases de crescimento da cultura, além de competirem por recursos essenciais como a humidade, os nutrientes, a luz e o espaço. Por conseguinte, a monda deve ser efectuada antes do arranque. As ervas daninhas do amendoim compreendem diversas espécies de plantas, desde gramíneas a ervas daninhas de folha larga e juncos, e causam perdas substanciais de rendimento de 15-75% (Sathyapriya *et al.*, 2013)

A monda mecânica e a monda manual são métodos culturais e manuais comuns de gestão de ervas daninhas no amendoim. A monda mecânica não pode ser utilizada após a iniciação do pino do amendoim porque pode danificar o pino e as vagens em desenvolvimento. Por outro lado, a monda é também um processo altamente trabalhoso, dispendioso e demorado, além de necessitar de ser repetido a intervalos frequentes. No verão, o amendoim tem um hábito de crescimento lento, o que permite que as ervas daninhas sazonais e os juncos perenes dos frutos secos compitam com a cultura e causem uma perda drástica de rendimento.

A integração de métodos químicos e convencionais de controlo de ervas daninhas, ou seja, a monda manual, é melhor, o que constitui parte integrante da produção agrícola moderna. Em vista do fato acima, a presente investigação intitulada "Manejo integrado de ervas daninhas no amendoim de verão (*Arachis hypogaea* L.) sob condições irrigadas". foi conduzido durante o verão de 2022 na fazenda de pesquisa do AICRP em amendoim dentro da Estação de Pesquisa em Horticultura (HRS), Universidade de Agricultura e Tecnologia de Odisha, Bhubaneswar. O experimento foi delineado em blocos aleatórios com doze tratamentos replicados três vezes compreendendo T1; Diclosulam 84% WDG @ 20g a.i./ha (PE), T2; Diclosulam 84% WDG @ 25g a.i./ha (PE), T3; Diclosulam 84% WDG @ 20g a.i./ha (PE) *fb* intercultivo em 25-30 DAS, T4; Diclosulam 84% WDG @ 25g a.i./ha (PE) *fb* intercultivo aos 25-30 DAS, T5; Diclosulam 84% WDG @ 20g a.i./ha (PE) *fb* Quizalofop-p-ethyl 5% EC 50g a.i./ha (POE) aos 18-20 DAS, T6; Diclosulam 84% WDG @ 25g a.i./ha (PE) *fb* Quizalofop-p-ethyl 5% EC 50g a.i./ha (POE) aos 18-20

DAS, T7; Pendimethalin 30% EC @ 1kg. a.i./ha (PE) *fb* Quizalofop-p-ethyl 5% EC 50g a.i./ha. (POE) aos 18-20 DAS T8; Pendimetalina 30% EC @ 1kg. a.i./ha (PE)+ Imazethapyr 2% EC (Readymix) +Monda manual aos 20-25 DAS,T9; Pendimetalina 30% EC @ 1kg. a.i./ha (PE) + Imazethapyr 2% EC (Readymix) *fb* Quizalofop-p-ethyl 5% EC 50g a.i./ha (POE) a 18-20 DAS,T10; Monda manual duas vezes aos 20 e 40 DAS,T11; Controlo de infestantes,T12; Sem infestantes.

Com base nos resultados, foi feita uma tentativa neste capítulo para explicar as possíveis razões da variação obtida devido a diferentes tratamentos. O resultado foi discutido à luz da razão científica para os diferentes caracteres em estudo. **Clima e crescimento da cultura**

O amendoim é cultivado nas regiões tropicais e subtropicais do mundo. Sendo uma planta C3, a luz influencia tanto a fotossíntese como a respiração do amendoim. A copa do amendoim responde ao aumento da intensidade da luz até à luz solar plena (Bhale *et al.*, 2011). Requer uma temperatura óptima de 25-30^0 C e precipitação entre 500-1000mm para um melhor crescimento e desenvolvimento...

Durante o período de cultivo, a precipitação total foi de 42,8 mm com 8 dias de chuva. A evaporação média foi registada em 4,1 mm por dia. Durante o período de cultivo, a temperatura média mínima e máxima registada foi de 16,9^0 C e 31^0 C. A humidade relativa média registada durante o período de cultivo variou entre 92,8% durante a manhã e 41,3% durante a tarde. A velocidade média do vento registada durante o período de cultivo foi de 0,5 km/hora. Entre as diferentes fenofases, não se observaram variações climáticas, com exceção de pequenas variações, pelo que se pode dizer que a cultura decorreu em condições meteorológicas uniformes. Qualquer variação no crescimento da cultura e nos atributos de desenvolvimento pode dever-se a diferentes variações experimentais.

Dinâmica das infestantes do amendoim

Flora infestante

Durante o período de crescimento da cultura, a principal flora infestante do campo experimental consistia em sete espécies de infestantes de folha larga, cinco espécies de gramíneas e uma espécie de junça. A flora dominante de infestantes de folha larga *foi Borreria hispida, Cleome rutidosperma, Cleome viscosa, Eclipta alba, Croton sparsiflorus, Celosia argentea, Phylanthus niruri*. Entre as gramíneas, *Digitaria sanguinalis, Digitaria ciliaris, Echinochloa colonum, Elusine indica, Dactyloctenium aegyptium* e o único junco dominante foi *Cyperus rotundus*. A observação das espécies de ervas daninhas durante esta investigação foi idêntica à relatada por (Mohapatra *et al*., 2005), (Sathya Priya *et al*., 2013).

Densidade das ervas daninhas

A densidade total de ervas daninhas foi menor em diferentes estágios de crescimento da cultura com a aplicação de Diclosulam 84% WDG @ 25g a.i./ha (PE) *fb* Intercultivation em 20-25 DAS em todos os estágios de crescimento da cultura. Isto pode ser devido à aplicação de diclosulam que foi absorvido pelas raízes e folhagem e translocado para os pontos de crescimento. Inibe a síntese de aminoácidos vegetais - aceto lactato sintase (ALS) em ervas daninhas de folhas largas, o que causou a destruição destas ervas daninhas na fase de 3-4 folhas. As restantes ervas daninhas monocotiledóneas foram controladas por uma monda manual aos 25 DAS, o que resultou numa menor densidade de ervas daninhas. Resultados semelhantes foram observados por Sridhar *et al*., (2021).

Peso seco da erva

O peso seco total mínimo das ervas daninhas foi observado em Diclosulam 84% WDG @ 25g a.i./ha (PE) *fb* Intercultivation em 20-25 DAS. Isto deveu-se à sua eficácia no controlo das ervas daninhas. Diclosulam 84% WDG @ 20g a.i./ha (PE) fb Intercultivo aos 20-25 DAS reduziu consideravelmente a densidade das ervas daninhas, o que resultou no menor peso seco das ervas daninhas. Estes tratamentos impedem efetivamente o crescimento das ervas daninhas e proporcionam um melhor ambiente para o crescimento das culturas. Resultado semelhante foi observado por Kumar *et al*., (2019). A integração da monda manual com herbicidas pré e pós-emergência resultou numa redução significativa da produção de matéria seca das ervas daninhas. (Walia *et al*., 2007).

Eficiência do controlo de ervas daninhas

A maior eficiência de controlo de ervas daninhas foi obtida com a aplicação de Diclosulam 84% WDG @ 25g a.i./ha (PE) *fb* Intercultivation a 20-25 DAS (93,7%). A melhor eficiência de controlo de ervas daninhas deveu-se ao controlo eficaz de gramíneas, juncos e ervas daninhas de folha larga em todas as fases de crescimento da cultura através da combinação de herbicidas com monda manual nas fases posteriores. Este facto está de acordo com o resultado de Musa *et al*., (2022).

Parâmetros de crescimento das culturas

O crescimento das culturas é um fator quantitativo. É altamente afetado pelas condições sazonais e ambientais. O Diclosulam 84% WDG @ 25g a.i./ha (PE) *fb* intercultivado a 20-25 DAS registou a maior altura de planta na fase de colheita (35,5cm), ramos por planta (5,3), número de folhas por planta (59,1) na colheita da cultura. Esta condição foi alcançada através do controlo eficiente do crescimento das ervas daninhas ao longo do período de cultivo, principalmente e proporcionou um melhor ambiente para o crescimento e desenvolvimento da cultura durante o período crítico de competição entre a cultura e as ervas daninhas, o que representou uma menor competição das ervas daninhas por humidade e nutrientes.Kumar *et al.*, (2019) também relataram resultados semelhantes na altura da planta e ramos por planta devido à aplicação de Pendimethalin 30 EC + Imazethapyr 2EC *seguido de* monda manual a 25-30 DAS em grama verde.

A aplicação de Diclosulam 84% WDG @ 25g a.i./ha (PE) *fb* intercultivo aos 20-25 DAS registou o maior peso seco da planta (20,25g/planta). O maior Índice de Área Foliar foi observado na verificação sem ervas daninhas, que foi *seguida pela* aplicação de Diclosulam 84% WDG @ 25g a.i./ha (PE) *fb* Intercultivo a 20-25 DAS. Isto pode ser devido à competição mínima das ervas daninhas com o amendoim por vários recursos, como espaço, luz, nutrientes e humidade, com a adaptação de métodos eficazes de controlo de ervas daninhas. Resultados semelhantes foram observados por Kumar *et al.*, (2013).

Rendimento e atributos do rendimento

O rendimento da cultura depende de vários factores climáticos e da competição entre a cultura e as ervas daninhas por nutrientes, água e luz. Assim, espera-se que o controlo atempado e eficaz das ervas daninhas tenha uma melhor disponibilidade de humidade, nutrientes e radiação solar para as plantas cultivadas, aumentando assim o teor total de clorofila, a taxa fotossintética e a atividade da redutase do nitrato (Channappagoudar *et al.* 2008), o que leva a um melhor fornecimento de hidratos de carbono e, em última análise, aumenta o rendimento total da cultura.

Entre os diferentes tratamentos herbicidas, Diclosulam 84% WDG @ 25g a.i./ha (PE) *fb* Intercultivo a 20-25 DAS incorreram no maior rendimento de vagens (2273 kg/ha), peso de 100 kernel e vagem/planta e % de descasque, o número máximo de vagens não preenchidas por planta foi observado no controlo de ervas daninhas.O índice de colheita máximo foi registado em condições de ausência de ervas daninhas. A verificação de ervas daninhas deu o maior índice de ervas daninhas, o que pode ser devido ao fornecimento de um melhor ambiente livre de ervas daninhas para a cultura, o amendoim facilitou uma melhor iniciação e desenvolvimento de pinos nas fases críticas de crescimento do amendoim e, por sua vez, aumentou o número de vagens / planta e rendimento de vagens / hectare (Musa *et al.*, 2022).

Absorção de nutrientes

Entre os vários tratamentos herbicidas, a absorção de NPK foi maior com a aplicação de Diclosulam 84% WDG @ 25g a.i./ha (PE) *fb* intercultivo a 20-25 DAS. Isto deveu-se ao controlo eficaz do crescimento das ervas daninhas durante todo o período de cultivo, principalmente no período crítico de competição entre a cultura e as ervas daninhas, proporcionando um melhor ambiente para o crescimento e desenvolvimento da cultura e uma menor competição das ervas daninhas pelos nutrientes. A condição de ausência de ervas daninhas durante todo o período de crescimento da cultura do amendoim aumentou a absorção de N, P e K pela cultura do amendoim (Chaudhari *et al.*, 2007)

Economia

A aplicação de Diclosulam 84% WDG @ 25g a.i./ha (PE) fb Quizalofop-p- ethyl 5% EC 50g a.i./ha (POE) a 18-20DAS registou os maiores retornos líquidos (Rs.71865/ha) seguidos por e relação custo benefício (2.26). Isso pode ser devido à menor densidade de ervas daninhas e ao rendimento máximo de vagens e hastes, que é seguido de perto por Diclosulam 84% WDG @ 20g a.i./ha (PE) fb Quizalofop-p-ethyl 5% EC 50g a.i./ha (POE) em 18-20DAS com retornos líquidos (Rs.69936/) e relação custo-benefício (2,24). Resultados semelhantes foram observados por Kumar *et al.*, (2019), Sridhar *et al.,* (2021) e Musa *et al.*, (2022) também relataram um retorno líquido mais elevado e uma relação B:C semelhante com a integração da aplicação pré e pós-emergente de herbicidas com monda manual aos 20-25 DAS no amendoim.

6 RESUMO E CONCLUSÃO

Uma experiência de campo intitulada "Manejo integrado de ervas daninhas no amendoim de verão (*Arachis hypogaea* L.) sob condições de irrigação" foi conduzida durante o verão de 2022 na parcela de pesquisa do AICRP sobre amendoim dentro da Estação de Pesquisa em Horticultura (HRS), Universidade de Agricultura e Tecnologia de Odisha, Bhubaneswar. O experimento foi estabelecido em um projeto de blocos aleatórios e replicado três vezes. Consistiu de 12 tratamentos, ou seja, T1; Diclosulam 84% WDG @ 20g a.i./ha (PE), T2; Diclosulam 84% WDG @ 25g a.i./ha (PE), T3; Diclosulam 84% WDG @ 20g a.i./ha (PE) *fb* intercultivo/ sacha manual em 25-30 DAS, T4; Diclosulam 84% WDG @ 25g a.i./ha (PE) *fb* intercultivo/ monda manual aos 25-30 DAS, T5; Diclosulam 84% WDG @ 20g a.i./ha (PE) *fb* Quizalofop-p-ethyl 5% EC 50g a.i./ha (POE) aos 18-20 DAS, T6; Diclosulam 84% WDG @ 25g a.i./ha (PE) *fb* Quizalofop-p-ethyl 5% EC 50g a.i./ha (POE) a 1820 DAS, T7; Pendimethalin 30% EC @ 1kg. a.i./ha (PE) *fb* Quizalofop-p-ethyl 5% EC 50g a.i./ha (POE) a 18-20 DAS T8; Pendimethalin 30% EC @ 1kg. a.i./ha (PE)+ Imazethapyr 2% EC (Readymix) +Monda manual a 20-25 DAS,T9; Pendimethalin 30% EC @ 1kg. a.i./ha (PE) + Imazethapyr 2% EC (Readymix) *fb* Quizalofop-p-ethyl 5% EC 50g a.i./ha (POE) a 18-20 DAS,T10; Monda manual duas vezes aos 20 e 40 DAS,T11; Controlo de infestantes,T12; Sem infestantes.

Segue-se um breve resumo com as conclusões da experiência realizada: -

1. As ervas daninhas gramíneas dominaram a população de ervas daninhas durante toda a estação de cultivo, *seguidas por* gramíneas e juncos.
2. A flora dominante de infestantes de folha larga era constituída por *Borreria hispida, Cleome rutidosperma, Cleome viscosa, Eclipta alba, Croton sparsiflorus, Celosia argentea, Phylanthus niruri.*
3. *Digitaria sanguinalis, Digitaria ciliaris, Echinochloa colonum, Elusine indica, Dactyloctenium aegyptium* foram as infestantes gramíneas predominantes.
4. *Cyperus rotundus* foi o único junco encontrado no campo experimental durante todo o período de cultivo.
5. O controlo de ervas daninhas (T10) registou a maior densidade de ervas daninhas (36.9, 72.7, 91.9, 83.6 no./m^2) desde os 30 DAS até à colheita da cultura.
6. A aplicação de Diclosulam 84% WDG @ 25g a.i./ha (PE) *fb* intercultivo aos 20-25 DAS (T4) registou a menor densidade total de ervas daninhas (4.7/m^2) que se manteve a par com Pendimethalin 30EC + Imazethapyr 2EC @ 0.75kg/ha (Readymix) *seguido de* Quizalofop-p-ethyl 5EC @ 0.05kg/ha (PoE) aos 20 DAS (23.3/m^2).
7. A aplicação pré-emergente de Pendimethalin 30% EC @ 1kg. a.i./ha (PE)+ Imazethapyr 2% EC (Readymix) +Mededura manual a 20-25 DAS (T8) registou a população mais baixa de ervas daninhas gramíneas (4.1, 7.9, 12.6, 9.8 /m^2) em todas as fases de crescimento da cultura, a aplicação de Diclosulam 84% WDG @ 25g a.i./ha (PE) *fb* intercultivado aos 20-25 DAS (T4) registou a população mais baixa de juncos (2/m^2) e a população de infestantes de folha larga (1.8, 3.2, 6.6, 5.5/m^2) e a sua matéria seca durante o período crítico de competição entre a cultura e as infestantes.
8. A eficiência máxima de controlo de ervas daninhas (93,7%) foi obtida com a aplicação pré-emergente de Diclosulam 84% WDG @ 25g a.i./ha (PE) *fb* intercultivo aos 20-25 DAS. Foi seguido de perto pelo Diclosulam 84% WDG @ 20g a.i./ha (PE) *fb* intercultivo aos 20-25 DAS.
9. Entre os tratamentos herbicidas, a aplicação pré-emergente de Diclosulam 84% WDG @ 25g a.i./ha (PE) *fb* intercultivo aos 20-25 DAS registou a maior altura de planta (35,5cm), número de ramos por planta (5,3), número de folhas por planta (59,1).
10. Entre os tratamentos herbicidas, a aplicação pré-emergente de Diclosulam 84% WDG @ 25g

a.i./ha (PE) *fb* intercultivo aos 20-25 DAS (20,14 g/planta) e índice de área foliar (3,50) aos 90 DAS.

11. O maior número de vagens cheias por planta foi registado na parcela livre de ervas daninhas (19,3/planta) *seguido de* monda manual duas vezes aos 20 e 40 DAS (18,7) e foi igual à aplicação de Diclosulam 84% WDG @ 25g a.i./ha (PE) *fb* intercultivo aos 20-25 DAS (18,5/planta).

12. O peso máximo de cem grãos (35.6g) foi obtido em parcelas sem ervas daninhas, Diclosulam 84% WDG @ 25g a.i./ha (PE) *fb* intercultivo a 20-25 DAS (35.6g), Diclosulam 84% WDG @ 20g a.i./ha (PE) *fb* Quizalofop-p-ethyl 5% EC 50g a.i./ha (POE) a 18-20DAS (35.6g).

13. O maior rendimento de vagens (2290 kg/ha) foi registado no tratamento sem ervas daninhas. A aplicação de Diclosulam 84% WDG @ 25g a.i./ha (PE) *fb* Quizalofop-p-ethyl 5% EC 50g a.i./ha (POE) às 18-20DAS registou a maior produção de vagens (2273 kg/ha) entre os tratamentos herbicidas e a maior produção de caules (4340 kg/ha) foi registada com Diclosulam 84% WDG @ 20g a.i./ha (PE) *fb* Quizalofop-p-ethyl 5% EC 50g a.i./ha (POE) às 18-20DAS.

14. A aplicação pré-emergente de Pendimethalin 30% EC @ 1kg. a.i./ha (PE) *fb* Quizalofop-p-ethyl 5% EC 50g a.i./ha (POE) a 18-20DAS registou os nutrientes residuais mais elevados (476,7 kg N, 36,4 kg P, 91,8 kg K/ha) no solo.

16. A absorção de nutrientes pela cultura foi máxima nas mondas manuais duas vezes aos 20 e 40 DAS (182,1 kg N, 62,20 kg P, 37,70 kg K/ha).

17. A absorção de nutrientes pelas ervas daninhas foi máxima no controlo com ervas daninhas (31,2 kg N, 14,1 kg P, 19,2 kg K) e mais baixa no controlo sem ervas daninhas (2,3 kg N, 0,9 kg P, 2,5 kg K/ha).

18. O índice de colheita mais elevado (36,10%) e o índice de ervas daninhas mais baixo (0,3%) foram registados por mondas manuais duas vezes aos 20 e 40 DAS. A maior perda de rendimento (61,44%) foi obtida com o controlo de ervas daninhas.

19. O maior retorno líquido de Rs. 71.865/ha e relação custo benefício 2,26 foi adquirido pela aplicação pré-emergente de Diclosulam 84% WDG @ 25g a.i./ha (PE) *fb* Quizalofop-p-ethyl 5% EC 50g a.i./ha (POE) em 18-20DAS seguido por Diclosulam 84% WDG @ 20g a.i./ha (PE) *fb* Quizalofop-p-ethyl 5% EC 50g a.i./ha (POE) em 18-20DAS.

CONCLUSÃO

Pode concluir-se que a aplicação de Diclosulam 84% WDG @ 25g a.i./ha (PE) *fb* intercultivo a 20-25 DAS foi considerada a mais eficaz no controlo da flora infestante do amendoim de verão e ajuda a obter melhores parâmetros de crescimento, maior rendimento de vagens (2273 kg/ha) e atributos de rendimento, ou seja, rendimentos líquidos (Rs.71865/-) e relação custo-benefício (2,26) seguido por Diclosulam 84% WDG @ 20g a.i./ha (PE) *fb* Quizalofop-p-ethyl 5% EC 50g a.i./ha (POE) em 18-20DAS (Retorno líquido Rs.69936/-, relação custo-benefício 2,24) no sul e sudeste da zona de planície costeira de Odisha sob condições de irrigação.

REFERÊNCIAS

Agostinho FH, Gravena R, Alves PLCA, Salgado TP e Mattos ED, 2006. O efeito da cultivar nos períodos críticos de controlo de infestantes em amendoim,Peanut science, **33**(1): 29-35.

Andrew JP, John WW, e Charles WS .2002. Gestão de ervas daninhas com diclosulam em amendoim (*Arachis hypogaea*), *Tecnologia de ervas daninhas.* 2002. Volume 16:724-730.

Annadurai K, Puppala N, Angadi S e Chinnusamy C, 2010. Integrated weed management based on intercropping system- a review, *Agricultural Reviews*, **31**(1) : 11-20.

Attarde DR, Suryawansi RT e Wadile SC. 2001. Integrated weed management in Kharif groundnut under assured rainfall conditions, *Journal of Maharashtra Agricultural Universities*, **26** (2): 161-163.

Baldev Ram, Punia SS, Terarwal JP, Meena DS e Tomar SS. (2012). Eficácia dos herbicidas de pré e pós-emergência na dinâmica das ervas daninhas e no rendimento do feijão-mungo, *Congresso Internacional de Agronomia*, 3: 1059-106.

Bhagat PS, Setti HN, Karunakar AP e Jiotode DJ. 2002. Efficacy of herbicides for weed control in groundnut (*Arachis hypogaea* L.), *Research on Crops*, **3** (3): 542-545.

Bhale VM, Karmore JV, Patil YR e Krishi PD. 2012. Gestão integrada de infestantes no amendoim (*Arachis hypogaea*). *Jornal paquistanês de pesquisa científica de ervas daninhas*, **8**(18): 733-739.

Bhatt RK, Patel BJ, Bhatt VK e Patel PP. 2008. Weed management through soil solarization in kharif groundnut (*Arachis hypogaea*), *Crop Researh*, 36 (1, 2 & 3): 115- 119.

Chaitanya S. 2009. Studies on chemical weed management in kharif groundnut, M.Sc.(Ag.) Thesis Department of Agronomy, University of Agricultural Science, Bangalore.

Chandrika V. 2004. Integrated weed management in groundnut (*Arachis hypogaea* L.) during rabi season, *Legume Research*, **27**(4): 243-248.

Chapparaband AR. 2011. Efeito de herbicidas de pré e pós-emergência no amendoim (*Arachis hypogaea* L.).M.Sc. Tese apresentada à Universidade de Ciências Agrícolas, Dharwad.

Chaudari AP, Gaikwad CB, Tiwari TK, Nikam AS, Bhende SN e Bagwan IR. 2007.
Efeito do controlo das ervas daninhas na absorção de nutrientes, peso das ervas daninhas e rendimento do amendoim. *Revista Internacional de Ciências Agrícolas*, **3** (1): 193-195.

Choudhary M, Chovatia PK, Hakla CR, R Jat e Daroga SP. 2017. Efeito da gestão de ervas daninhas no teor de nutrientes, absorção e rendimento do amendoim de verão (*Arachis hypogaea* L.), *Journal of Pharmacognosy and Phytochemistry*, **6**(3): 266-269.

Clewis SB, Everman WJ, Jordan LD, e Wilcut JW, 2007. *Weed* management in north Carolina peanut (*Arachis hypogea*) with S- metalachlor, Diclosula, Fiumioxazin and Sulfentrazone system, *Weed Technol.*, 21:629-635.

Damor GS, chaudhary PP, Desai NH e Patel KM. 2019. Efeito da geometria da cultura e da gestão integrada de ervas daninhas no amendoim kharif (*Arachis hypogaea*), *International Journal of Agriculture Sciences*, **11**(13): 8733-8737.

Das N, Giri BP e Das AB. 2016. Gestão de ervas daninhas no amendoim kharif, *Annals of Plant Protection Science*, **24**(1): 78-195.

Datta JK, Garai AK e Roy A. 2001. Bioeficácia da trifluralina em ervas daninhas no amendoim, *Indian Journal of Weed Science*, **33**(1 & 2): 38-40.

Devi G, Venkateswarulu S e Chandrasekar K. 2017. Efeito das práticas integradas de gestão de ervas daninhas na dinâmica das ervas daninhas, rendimento e economia do amendoim rabi (*Arachis hypogaea*) em solos arenosos de Andhrapradesh, *International Journal of Current Research*, **9**(1): 44605-44608.

Dhadge SM, Satpute NR e Patif SR. 2014. Efeito do herbicida pós-emergência em ervas daninhas no amendoim de verão. *Bioinfolet*, **11**(3B): 915-917.

Dhaka MS, 2011. Manejo de ervas daninhas em gergelim (*Sesamum indicum* L.) em diferentes níveis de nitrogênio. Tese de Mestrado (Ag.), Swami Keshwan e Universidade Agrícola de Rajasthan, Bikaner.

Dharkar PM, Pawar WS, Daga RR. (2002). Effect of different weed control methods on yield contributing characters and yields of groundnut, *Journal of Soils and Crops*, **12** (2): 323-324.

Dharkar PM, Pawar WS, Jugele AN. (2000). Economia do controlo de ervas daninhas no amendoim, Journal of Soil and Crops, **10** (2): 307-308.

Direção da Agricultura e da Produção Alimentar e Direção da Horticultura, Odisha- 2021-22

Direção de Economia e Estatística, Departamento da Agricultura e do Bem-Estar dos Agricultores, 2021-22

Dixit JB, Kasana BS e Singh YK. 2016. Effect of pre and post-emergence herbicides on pod yield and economics of groundnut (*Arachis hypogaea* L.), *International Journal of Farm Sciences*, **6**(1):90-95.

Dubey M , Singh S, Kewat ML e Sharma JK. 2010. Efficacy of imazethapyr against monocot weeds in groundnut, *Indian Journal of Weed Science*, **42**(1&2): 2730.

Ducar JT, Clewis SB, Wilcut JW, Jordan DL, Brecke BJ, Grichar WJ, Johnson WC, Wehtje GR. 2009. Gestão de ervas daninhas usando combinações de taxa reduzida de Diclosulam, Flumioxazin e Imazapic em amendoim, *Weed Technology*, **23**(2):236-242 (2009)

Ghosh DC. 2000. Weed management in rainfed groundnut, *Indian Journal of Agronomy*, **43**(1):122-125.

Giraldeli AL et al. Arq. Inst. Biol., v.87, 1-8, e0532019, 2020. Viabilidade de tubérculos *de Cyperus rotundus* L. após aplicação de herbicida em pré e pós-emergência, Fitossanidade/ Artigo Científico, DOI: 10.1590/1808-1657000532019.

Gohil BS, Mathukia RK e Rupareliya VV. 2020. Dinâmica do banco de sementes de ervas daninhas: estimativa e gestão no amendoim, *Indian Journal of Weed Science*, **52**(4): 346.

Gomez KA e Gomez AA. 1984. Statistical Procedures for Agricultural Research, A Willey Inter Science Publication, New York, pp.76-83.

Grichar WJ.2007. Controlo da beldroega (*Trianthema portulacastrum*), da melancia (*Cucumis melo*) e do amaranto (*Amaranthus palmeri*) no amendoim com herbicidas pós-emergentes, *Weed Technology*, **21**(3): 688-691.

Gunri SK, Sengupta A, Nath R, Bera PS e Puste AM. 2014. Avaliação de herbicidas pós-emergência no amendoim de verão (*Arachis hypogaea* L.) na nova zona aluvial de Bengala Ocidental, *Revista Africana de Pesquisa Agrícola*, **9** (40): 2971-2974.

Jackson ML. 1973. Soil Chemical Analysis, Prentice Hall of India Pvt. Ltd., Nova Deli.

Jadhav PB, Singh R e Kamble DR. 2015. Effect of weed control methods on growth and yield of groundnut, *Journal of crop and weed*, **6**(2):151-157.

Jat RS, Meena HN, Singh AL, Jaya N., Surya e Mishra JB, 2011. Gestão de ervas daninhas no amendoim (*Arachis hypogea*) na Índia. *A review, Agri. Reviews*, **32** (3) : 155171.

Kalaichelvi K, Sakthivel S e Balakrishnan A. 2015. Gestão integrada de ervas daninhas no amendoim, *Indian Journal of Weed Science,* **47**(2): 174-177.

Kalaichelvi K, Sakthivel S e Balakrishnan A. 2015. Gestão integrada de ervas daninhas no amendoim, *Indian Journal of Weed Science*, **47**(2): 174-177.

Kalhapure AH, Shete BT e Bodake PS. 2013. Integração de métodos químicos e culturais para a gestão de ervas daninhas no amendoim, *Indian Journal of Weed Science*,**45**(2): 116-119.

Kalhapure, A.H., Shete, B.T. e Bodake, P.S. 2013. Integração de métodos químicos e culturais para o manejo de ervas daninhas no amendoim*, revista indiana de ciência das ervas daninhas,* **45** (2): 116-119.

Kamble AB, Chavan NR, Bhilare RL e Pathan SH. 2003. Integrated weed management in Kharif groundnut, *Journal of Maharashtra Agricultural Universities*, **28**(1): 52-53.

Kamble AB, Chavan NR, Jadhav YR e Pisal AA. 2006. *Integrated weed management in Kharif groundnut*, **16**(1): 61-64.

Kanagam P e Chinnamuthu CR. 2009. Management of late emerging weeds in irrigated groundnut, *Indian Journal of Weed Science*, **41**(3&4): 124-132.

Kanagam P e Chinnamuthu CR. 2009. Management of late emerging weeds in irrigated groundnut, *Indian Journal of Weed Science*, **41**(3&4): 124-132.

Kar S, Kundul R, Brahmachari K e Bera PS. 2015. Avaliação de Imazethapyr 10% SL para controlar ervas daninhas de amendoim em novo solo aluvial de Bengala Ocidental, *Journal of Crop and Weed*, **11** (1): 173-176.

Karthik HV e Mudalagiriyappa. 2020. Efeito da aplicação pós-emergência de herbicidas no crescimento e rendimento do amendoim (*Arachis hypogaea* L.), Mysore *Journal of Agricultural Sciences*, **54**(2): 111.

Kirde GD, Ghotmukale AK e Bhutda PO. 2019. Efeito da gestão integrada de ervas daninhas no crescimento e rendimento do amendoim kharif (*Arachis hypogaea*), *International Journal of Chemical Studies*, **7**(5): 4512-4514.

Korav S, Vishram Ram, Lala IP Ray, R Krishnappa, Singh NJ e Premaradhya N.
2018. Pressão das ervas daninhas no crescimento e rendimento do amendoim (*Arachis hypogaea* L.) em Meghalaya, Índia, *International Journal of Current Microbiology and Applied Science*, **7**(03): 2852-2858.

Korav S, Vishram Ram, Lala IP Ray, R Krishnappa, Singh NJ e Premaradhya N. 2018. Pressão das ervas daninhas no crescimento e rendimento do amendoim (*Arachis hypogaea* L.) em Meghalaya, Índia, *International Journal of Current Microbiology and Applied Science*, **7**(03): 2852-2858.

Kumar BN, Subramanyam D, Nagavani AV e Umamahesh V. 2019 Gestão de ervas daninhas no amendoim com novas moléculas de herbicidas, *Indian Journal of Weed Science*, **51**(3):306-307

Kumar S, Kumar A, Rana SS, Chander N e Angrias NN.2012. Gestão integrada de ervas daninhas em mostarda, *Indian Journal of Weed Science*, **44**(3): 139-143.

Kumar Y, Saxena R, Gupta KC, Fagaria VD e Singh R. 2013. Atributos de rendimento e rendimento do amendoim (*Arachis hypogaea* L.) influenciados pelas práticas de gestão de ervas daninhas na região semi-árida, *Journal of crop and Weed Science*, **9** (2): 185189.

Kumari S, Banerjee M, Raj RK, Chaudhuri A e Paul SK. 2020. Efeito das práticas de gestão de ervas daninhas no rendimento, qualidade e economia do amendoim (*Arachis hypogaea* L.) durante o verão, *International Journal of Chemical Studies* 2020; **8**(2): 2562-2565.

Kumbar B, TV Prasad R, Sanjay MT, Mallikarjuna GB, Hatti V e Madhukumar V. 2014. Influência das práticas de gestão de ervas daninhas no crescimento das culturas, absorção de nutrientes e rendimento do amendoim em condições de irrigação, *An International Quaterly Journal of Life Sciences*, **9**(4): 1843-1846.

Kushwah SS e Vyas MD. 2006. Efficacy of Herbicides Against Weeds in Rainfed Soybean (*Glycine max* L. Merrill) under Vindhyan Plateau of Madhya Pradesh, *Indian Journal of Weed Science*, **38**(1 & 2): 62-64.

Lambade BM, Arthamwa DN, Kadam GL, Baig MIA e Talnikar AS. 2008. Weed management in rained Soybean (*Glycine max* Merril) under Marathwada condition, *International Journal of Tropical Agriculture*, **26**(3-4): 439-443.

Madhu SC, Mudalagiriyappa, Pujari BT e Somasekhar.2006. Efeito da gestão integrada de infestantes na absorção de nutrientes e no rendimento do sistema de cultivo intercalar de amendoim e girassol, *Karnataka Journal of Agricultural Sciences*, **19** (1): (58).

Malligawad LH, Kannur VS, e Giriraj K. 2000. Integrated weed control in Kharif groundnut, *Karnataka Journal of Agricultural Sciences*, **13** (2): 288-294.

Malunjkar BD, Mullik BB e Patil SC.2012. Avaliação de herbicidas pós-emergência em amendoim da estação chuvosa, *Indian Journal of Weed Science*, **44** (2): 95-97.

Mehriya ML, Sarita , Hitesh Borana e Neelam Geat 2021. Gestão eficaz e rentável das ervas daninhas no amendoim da estação das chuvas cultivado na zona árida do Rajastão, *Indian Journal of Weed Science* **53**(3): 269-274, 2021.

Meyyappan M, Kathiresan RM. 2005. Integrated weed management in maize + black gram intercropping system, *Indian Journal of Weed Science*, **37** (3&4): 209211.

Mondal D, Ghosh A, Bera S, Ghosh R e Bandopadhyay P. 2019. Eco-eficácia do pretilacloro 50 % CE no arroz de inverno transplantado e seu efeito residual na lentilha, *Indian Journal of Weed Science*, **51**(3): 220-226.

Mukharjee D. 2014. Influência da gestão de ervas daninhas e fertilizantes no rendimento e absorção de nutrientes na mostarda, *Indian Journal of Weed Science*, **46**(3): 251-255.

Musa RM, Yenagi BS, Patil LC e Biradar DP.2022 Efeito do herbicida pré-emergente Diclosulam na dinâmica das ervas daninhas, rendimento e economia do amendoim (*Arachis hypogaea* L.), Journal of Farming Science, **35**(1): 58-62

Naim MA, Eldouna AM e Abdulla AE. 2010. Efeito das frequências de monda e da densidade de plantas nas caraterísticas de crescimento vegetativo do amendoim (*Arachis hypogaea* L.) no Kordofan do Norte do Sudão, *EJBS*, **1** (3): 1188-1192.

Nambi J, Sundari A e Pandian BJ. 2006. Weed Management in Groundnut-based Intercropping System, *Indian Journal of Weed Science*, **38**(1 & 2): 159-160.

Narwal K, Yenagi BS e Nayak GV. 2020. Eficiência do controlo de ervas daninhas, índice de ervas daninhas e rendimento em amendoim como influenciado por práticas de gestão de ervas daninhas no sistema de arroz-amendoim na zona costeira de Karnataka, *Journal of Farm Sciences*, **33**(2): 277-279.

Patel HF, Patel JC, Maheriya VD e Patel BB. 2013. Gestão integrada de ervas daninhas no amendoim kharif (*Arachis hypogaea*), *Bioinfolet* , **10** (1 B): 320 - 321.

Patel JC, Patel DM, Patel BJ, Patel PP e Ali S. 2017. Efeito dos herbicidas no controlo de ervas daninhas e no rendimento do amendoim kharif (*Arachis hypogaea* L.), Legume Research: *An International Journal*, **40**(2): 155-156.

Patel PG, Chaudari PP, Patel VA e Patel M. 2006. Integrated weed management in summer groundnut, *Journal of Maharashtra Agricultural University*, **31**(2)
162-164.

Piper CS. 1966. Soil and Plant Analysis, Hans Pub; Bombaim, pp. 255.

Ramalingam SR e Perumal M. 2013.New Formulation of Oxyfluorfen on Weed Control of Groundnut and its Residual Effect on Succeeding Crops, *Indian Journal of Applied Research*, **3** (6):16-18.

Raman R, e Krishnamoorthy R. 2005. Nodulação e rendimento do feijão-mungo (*Vigna radiata* L.), *Legume Research*, **28**(2): 128-130.

Rao SS, Madhavi M e Reddy RC. 2011. Integrated Approach for Weed Control in Rabi groundnut (*Arachis hypogeae* L), *Journal of Research ANGRAU*, **39**(1&2) 60-63.

Ravindranatha RB e Maheswara RP. 2004. Effect of Weed Management and Staggered Sowing of Sunflower on Weed Dynamics and Groundnut Pod Equivalent Yield in kharif groundnut and sunflower Intercropping, *Indian Journal of Weed Science*, **36**(3 & 4): 213-217.

Reddy N, Vidyasagar C, Ch GE e Laxminarayana P. 2016. Integrated weed management in rabi groundnut (*Arachis hypogaea* L.), *International Journal of Current Research*, **8**(11): 40883-40885.

Regar S, Singh SP , Shivran H, Bairwa RC , Khinchi V , 2021. Gestão de ervas daninhas no amendoim, *Indian Journal of Weed Science* ***53*** (1): 111-113, 2021.

Sagvekar VV, Waghmode BD, Chavan AP e Mahadkar UV. 2015. Gestão de ervas daninhas no amendoim rabi (*Arachis hypogaea* L) para a região de Konkan de Maharashtra, *Indian Journal of Agronomy*, ***60*** (1): 116-120.

Sailaja K, Reddy BB e Reddy DM. 2002. Effect of seedbed preparation and Weed control practices on growth and yield of groundnut after kharif Rice, *Indian Journal of Dryland Agricultural Research and Development*, ***17***(2): 152- 157.

Samant TK, Mishra KN, 2014. Eficácia do herbicida de pós-emergência Quizalfop-p- ethyle para controlar ervas daninhas gramíneas no amendoim, *Indian Journal of Agricultural Research*, ***48*** (6) 488-492, 2014.

Sarin S, Bindhu J S, L. Girijadevi L, Jacob D e Mini V 2021. Gestão de ervas daninhas no amendoim de verão (*Arachis hypogaea* L.), *Journal of Crop and Weed*, ***17***(1): 272-277 (2021).

Sasikala B , Ramu RY e Reddy RC. 2002. Estudos sobre o efeito de herbicidas de pré e pós-emergência no controlo de ervas daninhas, crescimento e rendimento do amendoim. Tese de Mestrado (Ag), Universidade Agrícola Acharya N.G Ranga, Hyderabad.

Sasikala B , Ramu YR e Reddy CR. 2004. Pre and post emergence herbicides on weed control and yield of groundnut, *Indian Journal Dryland Agriculture Research and Development*, **19**(1):78-80.

Savu RM, Choubey NK, Nitish Tiwari, Mahobia RK e Sahu TD. 2006. Chemical weed control in Kharif groundnut (*Arachis hypogaea* L.) under vertisols of Chhattisgarh plains, *Journal of Interacademicia*, **10**(2): 156-159.

Senthil Kumar N.2009. Effect of plant density and weed management practices on production potential of groundnut (*Arachis hypogaea* L). *Jornal Indiano de Investigação Agrícola*, **43** (1): 57-60.

Sharma S, Jat RA e Sagarka BK. 2015. Efeito das práticas de gestão de ervas daninhas na dinâmica das ervas daninhas, rendimento e economia do amendoim (*Arachis hypogaea* L.) em solo calcário preto, *Indian Journal of Agronomy*, **60**(2): 312-317.

Sheoran P, Sardana V, Kumar A, Mann A e Singh S. 2015. Integração da abordagem herbicida e convencional para a gestão rentável de ervas daninhas no amendoim (*Arachis hypogaea*), *Indian Journal of Agronomy*, **60**(4): 581-584.

Shwetha BN, Umesh MR e Agnal MB. 2016. Herbicidas pós-emergência para a gestão de ervas daninhas no amendoim, *Indian Journal of Weed Science*, **48**(3):294-296.

Singh H. e Sing S. 2009. Gestão de ervas daninhas e estudos de microorganismos do solo em amendoim de verão irrigado (*Arachis hypogaea* L.), *Indian Journal of Weed Science* ***41*** *(1 & 2): 103-107.*

Singh SP, Singh VP, Nainwal RC, Tripathi N e Kumar A.2009. Efficacy of diclosulam on weeds and yield of soybean, *Indian Journal of Weed Science* **41**(3&4) : 170-173, 2009.

Singh SP, Yadav RS, Godara SL, Amit Kumawat e Birbal. 2019. Manejo de ervas daninhas herbicidas em amendoim (*Arachis hypogaea*), *Pesquisa de leguminosas*, **42**(6): 829833.

Singh SP, Yadav RS, Godara SL, Amit Kumawat e Birbal. 2019. Manejo de ervas daninhas herbicidas em amendoim (*Arachis hypogaea*), *Pesquisa de leguminosas*, **42**(6): 829833.

Solanki RM, Bhalu VB, Jadav KV e Kelaiya GR. 2005. Studies on integrated weed management in irrigated groundnut, *Indian Journal of Weed Science*. **37**(1 & 2): 119-120.

Sridhar N, Nongmaithem D, Tzudir L e Singh AP. 2021 Weed management in groundnut with diclosulam herbicide, *Indian Journal of Weed Science*, **53**(3): 305-306

Sumathi V, Chandrika V, Muneendra B e Nagavani AV. 2000. Integrated weed management in rainfed groundnut (*Arachis hypogaea*), *Indian Journal of Agronomy*, **45**(4): 765-770.

Sumathi V, Chandrika V, Muneendra B e Nagavani AV. 2000. Integrated weed management in rainfed groundnut (*Arachis hypogaea*), *Indian Journal of Agronomy*, **45**(4): 765-770.

Suseendran K, Kalaiselvi D, Kalaiyarasan C, Jawahar S e Ramesh S. 2019. Impacto da flora de ervas daninhas no amendoim (*Arachis hypogaea* L.) em solos argilosos no distrito de Dharmapuri, Tamil nadu, Índia, *Plant Archives*, **19**(1): 679-682.

Tambe AD, Gaikwad CB, Pawar AD e Walke VN. 2005. Performance of herbicides against weeds in kharif groundnut, *Annals of Plant Physiology*, **19**(1): 59- 60.

Timsina D, Shrestha A, Thapa B. 2020. Eficácia da gestão de ervas daninhas no amendoim (*Arachis hypogaea*), *Journal of Research in Weed Science*, **3**(2): 230-237.

Umamaheswari P, Murthy SK e Reddy TY. 2007. Gestão da erva daninha Celotia (*Celotia argentia* L.) no amendoim, *Crop Research* (Hisar), **34** (1/3): 97-99.

Upasani RR e puran AN. (2010). Gestão de infestantes no amendoim. *Conferência Bienal da Sociedade Indiana de Ciência das Plantas Daninhas sobre Avanços Recentes na Investigação em Ciência das Plantas Daninhas* Raipur (Chhattisgarh). pp.88.

Upasani RR, Barla S, Hassan D e Puran AN. 2017. Gestão de ervas daninhas em blackgram e seu efeito residual na sucessão da cultura de mostarda, *Indian Journal of Weed Science*, **49** (4): 346-349.

Vaghasia PM e Nadiyadhara MV. 2013. Efeito dos herbicidas pós-emergência no amendoim e seu efeito residual nas culturas seguintes, *International Journal of Forestry and Crop Improvement*, **4**(2):54-58.

Vaghasia PM e Nadiyadhara MV. 2013. Efeito dos herbicidas pós-emergência no amendoim e seu efeito residual nas culturas seguintes, *International Journal of Forestry and Crop Improvement*, **4**(2):54-58.

Vaghasia PM e Nadiyadhara MV.2013. Efeito de herbicidas pós-emergência no amendoim e seu efeito residual nas culturas seguintes, *International Journal of Forestry and Crop Improvement*, **4** (2): 54-58.

Vasisht R, Pandey UC. (1999). Integrated weed control in groundnut in groundnut in relation to yield its component, *Annals of Agriculture Research*, **20** (4): 465467.

Vilas, MB, Jayashri VK, Yuvraj R, e Deshmukh P. 2011. Integrated weed management in groundnut (*Arachis hypogaea* L), 23ª Conferência da Sociedade da Ciência das Plantas Daninhas da Ásia-Pacífico, *The Sebel Cairns* pp.18-24.

Vora VD, Parmar AD, Hirpara DS, Kanzaria KK, Desai NR, Kaneria SC e Modhavadiya VL. 2019. Gestão de ervas daninhas no amendoim kharif, *International Journal of Current Microbiology and Applied Science*, **8**(11): 429-434.

Walia US, Singh S e Singh B.2007. Integrated Approach for the Control of Hardy Weeds in Groundnut (*Arachis hypogaea* L), *Indian Journal of Weed Science*, **39**(1&2):112-115.

Weseley JE, Scott BC, Zachary GT, John WW.2006 Influência do tempo de aplicação pós-emergência do diclosulam no controlo de infestantes e na tolerância do amendoim, *Weed Technology*, 20(3): 651-657 (2006)

Wesley J, verman, SB, Walter EC, Thomas IC, Burke e John W. 2008. Período crítico de interferência de ervas daninhas no amendoim, *Tecnologia de ervas daninhas*, **22**(1): 63-67

MIX
Papier aus verantwortungsvollen Quellen
Paper from responsible sources
FSC® C105338

Printed by Books on Demand GmbH, Norderstedt / Germany